JN066015

めっちゃ使える！

設計目線で見る

「機械要素の基礎知識と活用方法」

わかりやすく
やさしく
やくにたつ

製品設計の基礎を作り上げ、
自由なアイディアを形にするために

山田 学 監修　植村 直人・菊池 博之・小美野和奏 著
Yamada Manabu　Uemura Naoto　Kikuchi Hiroyuki　Omino Wakana

日刊工業新聞社

「縁の下の力持ち」であり最重要部品である機械要素

「設計を任されたんだけど、いざ進めてみるとどうやって部品選定すればいいのやら・・・」

「後輩に基本的部品のことを質問されたのだけど、改めて考えるとどうだったのか・・・」

「取引先のお客さんとの会話で出た"あの部品"わからないところがあって・・・」

本書を手に取られた方は、このような悩みを抱えられているのではないでしょうか？「機械要素」、それは辞書で引くと「機械を構成する最小の機能単位」を意味しており、「最も基本的な部品」を意味します。

新製品設計や設計変更でいつも議論になるのは、どちらかというと「装置の機能や性能」のこと。それらを発揮するために使用する細かな機械要素については取り上げられることもなく、実は詳細について深く理解されている人は少ないのではないかと思います。それゆえに、コストダウンなどを命じられると、手っ取り早く機械要素の変更などに手を付けられる方が多いのではないでしょうか。安易にサイズダウンや種類変更などに持ち込み、結果不具合などを引き起こしていないですか？

機械要素は「縁の下の力持ち」的な要素であり、選定を誤ると装置の故障や破損に至り、場合によっては人の命に関わる事故に至る重要な部品なのです。

例えば、機械装置に最も使用される機械要素「ねじ」が原因で発生した事故を見てみると・・・

・遊園地のジェットコースターの脱線事故

・大型トラックのタイヤ脱落事故

・新幹線のナット脱落事故

などなど・・・、機械要素がもたらす影響は非常に大きいです。駆け出しの技術者の方には基礎的な部分から勉強していただき、中堅技術者の方は機械要素の再確認をしていただければと考えています。

＜本書の内容＞

主要機械要素となる「歯車」、「ばね」、「軸受」、「ねじ」から小物系機械要素として「キー」、「止め輪」、「ピン」などを取り上げました。

どの部品もあたり前のように装置に組み込まれているものであることから、初歩的な部分から設計に使えるテクニック的な部分まで掲載しました。

①主要機械要素について

・各部品の種類や使用用途など

・設計に活用する際に必要な「パラメータの意味」など
・部品の不具合事例とその対策方法など
②小物系機械要素
・部品の特徴
・部品使用における注意点

＜本書を読んでいただきたい方＞

・機械設計の初心者

　業務で設計を命じられたが、先輩が描いている図面の中にある「機械要素」の使い方について、よくわかないため勉強したいという前向きな技術者。

・機械設計の中堅技術者

　これまで設計はしてきたが、製品に組み込む「機械要素」については過去の製品にならって選定していたことから、改めて勉強し知識を深めたいと考える前向きな技術者。

・メーカー営業担当者

　実務で機械設計はしていないが、日々図面などを使ってお客様と交渉するなど、営業担当としての立場でありながら、図面の中に使われている「機械要素」にどのような役割があるのかを勉強したいと考える前向きな企業人。

＜本書がめざしたこと＞

　それは「基礎的な部分をしっかりと学ぶこと」です。設計は、高等なテクニックを必要とされますが、その基礎となる部分がしっかりとしていなければ、高等テクニックに耐えることはできません。しかし、機械要素を幅広く扱って使用方法などを説明する本はあまり普及されておらず、機械要素の部品ごとの紹介や活用方法を掲載した本がほとんどです。

　本書では、幅広く機械要素を取り上げるとともに、活用方法を他の部品と照らし合わせながら部品の知識を吸収していただき、何気なく使っている部品に関する新たな「気づき」を得ていただければと考えています。

　本書の執筆という貴重な機会をいただきました、日刊工業新聞社の鈴木徹様をはじめ、ご指導いただきました皆様に御礼申し上げます。

　本書の監修としてご指導と全面的なバックアップをいただきました株式会社ラブノーツの山田学様に感謝いたします。菊池博之様には「歯車」に関する執筆をご担当いただきました。小美野和奏様には「ばね」と「キー・止め輪・各種ピン類」の執筆をご担当いただきました。誠にありがとうございました。

株式会社ウエプロジェクト　代表　植村直人

目次 CONTENTS

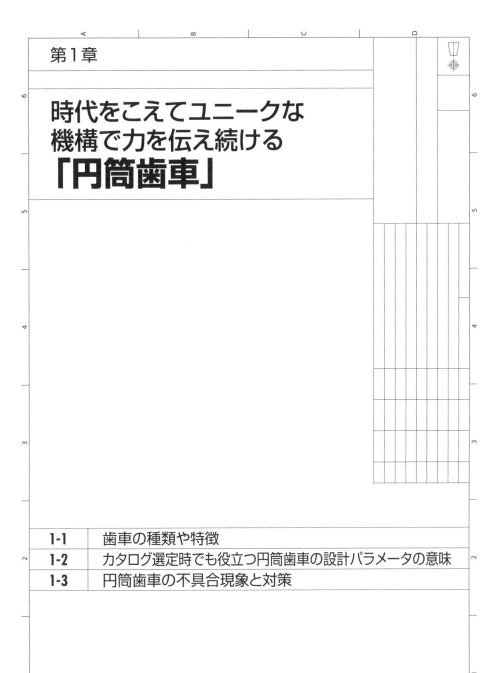

第1章

時代をこえてユニークな機構で力を伝え続ける「円筒歯車」

歯車とは（JIS B 0102-1）

互いに凹凸のある歯を順次かみ合わせることによって、運動を他に伝える、または運動を他から受け取るように設計された回転運動を伝達する部品をいいます。

歯車のはたらきには、次のものがあります。

・回転を伝える（回転運動→回転運動、回転運動→直線運動など）
・向きを変える（回転方向、軸の向き）
・回転速度（回転数）を変える
・トルク（回転力）を伝える、増減する
・不可逆回転性を利用し、回転を止める（セルフロック）

| 1-1-1 | 種類と特徴、実製品での使い方事例 |

1）歯車軸による歯車の分類

歯車は、その形状、用途、材質、その他いろいろな種類に分けることができますが、歯車軸の違いによって分けると、次の3つに分類できます（**図1-1**）。

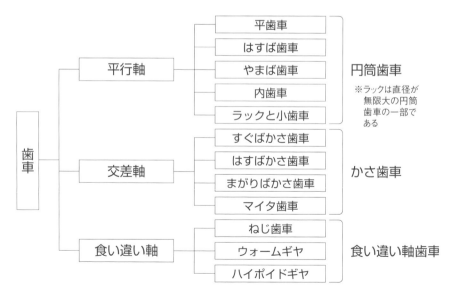

図1-1 歯車の種類（軸の違いで分類）

２）種類と特徴、実製品での使い方事例

①円筒歯車

円筒歯車とは、「基準面が円筒である歯車」をいいます（**表1-1**）。

表1-1 円筒歯車の種類と特徴、使用例

平歯車（スパーギヤ） 「歯すじが直線で軸に平行の円筒歯車」をいい、最も多く使用されている歯車です。 実製品での使い方事例は、次ページで説明します。	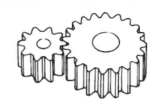
はすば歯車（ヘリカルギヤ） 「歯すじがつるまき線の円筒歯車」をいい、平歯車の歯を無限に薄くスライスしたものをつるまき線上に並べたものです。 歯が斜めにかみ合うため、平歯車に比べて同時にかみ合う部分が多く（かみ合い率が向上）、低騒音、低振動、高強度です。 実製品での使い方事例は、次ページで説明します。	
やまば歯車（ダブルヘリカルギヤ） 「左ねじれと右ねじれをもつはすば歯車を組み合わせた円筒歯車」をいいます。軸に直角な方向から歯を見ると山のように見えることから、やまば歯車と呼ばれます。反対側から見ると山は下向きになります。 新幹線では、N700Sのぞみ号の車軸駆動用歯車で初採用されました。	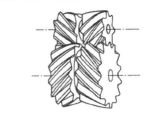
内歯車（インターナルギヤ） 「円筒または円すいの内側に歯が切られている歯車」をいい、相手歯車は、歯が外周にある外歯車になります。 自動車用自動変速機や自転車後輪の内装3段変速機に使用されています。 （右図:JIS B 0102-1 図49を引用して改変）	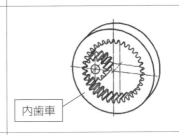内歯車
ラックと小歯車（ラックアンドピニオン） ラックは、「平らな板、またはまっすぐな棒の一面に、等ピッチに同形の歯を刻んだもの」をいい、円筒歯車の半径を無限大にしたものです。相手歯車は、平歯車、はすば歯車で、小歯車（ピニオン）と呼ばれます。両者を合わせてラックアンドピニオンとも呼ばれます。 自動車用ステアリング機構に使用されています。	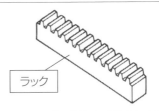ラック

◆平歯車とはすば歯車の使用例

（a）平歯車（スパーギヤ）

　平歯車は、スパーギヤ、直歯歯車（すぐばはぐるま）とも呼ばれます。歯面と基準円の交線を歯すじといい、歯すじが回転軸に平行なものが平歯車です。平歯車は、加工コスト、加工時間を抑えることができるため、一般的に多く使用されています。平歯車が使用されている例として、自動車やオートバイの変速機歯車（トランスミッションギヤ）があります。図の平歯車は6対、12個使用されています（**図1-2**）。

図1-2 オートバイの変速機歯車(トランスミッションギヤ)

（b）はすば歯車（ヘリカルギヤ）

　はすば歯車はヘリカルギヤとも呼ばれ、歯すじを回転軸に対して斜めの、つるまき線上に配置したものです（**図1-3**）。昔は漢字で斜歯歯車（はすばはぐるま）と表記されていました。漢字ですと歯すじが「ねじれ」ていることが想像しやすいですね。

　ねじれが見てわかる身近な例としては、ねじ、500円硬貨円筒面のギザギザ（ねじれ模様）があります（**図1-4**）。

図1-3 はすば歯車

図1-4 500円硬貨側面のねじれ模様

②かさ歯車

　かさ歯車とは、ベベルギヤとも呼ばれ、「交わる2軸間に運動を伝達する円すい形の歯車」をいいます（表1-2）。交わる2軸の角度は自由に設定できますが、機械の構成上、製作上から直角が最も精度を出しやすいため、直角に交わるものが多く使用されています。

表1-2 かさ歯車の種類と特徴、使用例

すぐばかさ歯車（ストレートベベルギヤ） 「歯すじが基準円すいの直線母線と一致するかさ歯車」をいい、歯すじがまっすぐな歯車です。 自動車や小型3輪オートバイの後輪駆動用歯車に使用されています。	
まがりばかさ歯車（スパイラルベベルギヤ） 「歯すじがつるまき線ではない曲線のかさ歯車」をいいます。 すぐばかさ歯車に比べて同時にかみ合う部分が多く（かみ合い率が向上）、低騒音、低振動、高強度です。 自動車や大型オートバイのドライブシャフト・後輪駆動用歯車に使用されています。	
マイタ歯車 「直交する2軸の両方のかさ歯車で歯数が同じもの」をいいます。両歯車の歯数が同じであるため、基準面は45°になります。	

歯車って、ギヤ、ギア、ギァ、ギャ、ギヤーなどいろいろな呼び方がされてますよね？

そうやねん。業界や会社によって、呼び方が違うねん。
本章では主に「歯車」で表して、JISでは「ギヤ」があてられてるから、用語に応じて「ギヤ」で表すで。

③食い違い軸歯車

食い違い軸歯車とは、「歯車軸が交わらず、かつ平行でもない歯車」をいいます（**表1-3**）。

表1-3 食い違い軸歯車の種類と特徴、使用例

ねじ歯車 「食い違う回転軸でかみ合わせた、はすば歯車」をいいます。	
ウォームギヤ（ウォームとウォームホイール） 「ねじ状の円筒歯車のウォームとこれにかみ合う歯車のウォームホイール」をいいます（**図1-5**）。 運転時の騒音・振動が低く、エレベータ、エスカレータの駆動歯車などに使用されています。	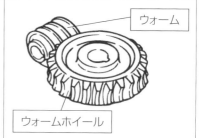 ウォーム ウォームホイール
ハイポイドギヤ 「円すい、または円すい状の歯車で、軸が食い違うもの」をいいます。まがりばかさ歯車（スパイラルベベルギヤ）の軸が食い違っているイメージで考えるとよいでしょう（**図1-6**）。 自動車用差動装置（デファレンシャルギヤ）に使用されています。	

ウォームホイール
ウォーム

図1-5 ウォームギヤの例

図1-6 ハイポイドギヤの例

1）歯車の材料

歯車用材料として、次のものが使用されています。

① 機械構造用炭素鋼

・S43C，S45C，S48C

焼入焼戻し（焼入れ・高温焼戻し＝調質）、または高周波焼入焼戻しを行うことで材料強度を向上させることができます。「JIS B 6913 鉄鋼の焼入焼戻し加工」によると、S28Cの含有炭素量0.25％～0.31％以上が焼入れを行い使用できる炭素鋼のため、S15CやS20Cは焼入れを行って使用することはできません。

② 機械構造用合金鋼（クロムモリブデン鋼）

・SCM435，SCM440，SCM435H，SCM440H

焼入焼戻し（焼入れ・高温焼戻し＝調質）、または高周波焼入焼戻しを行うことで、①に比べて材料強度を向上させることができます。ただし、材料コストがアップします。

③ 機械構造用合金鋼（低炭素合金鋼）

・SCr420，SCM415，SCM420，SCr420H，SCM415H，SCM420H

浸炭焼入焼戻しを行って使用され、②に比べて材料強度を向上させることができます。材料コストは②と同程度かそれ以下ですが、熱処理コストがアップします。浸炭によって鋼の表層部の炭素量を増やし焼入れ硬化する鋼材のため、肌焼き鋼とも呼ばれます。

④ 銅合金鋳物

・CAC402（青銅鋳物），CAC702（アルミニウム青銅鋳物）

摺動抵抗が小さいため、かみ合い時に大きな滑りが生じる歯車、例えばウォームホイールに使用されます。

⑤ 樹脂（プラスチック）

・ナイロン（PA46：ポリアミド46，PA66：ポリアミド66 等）

＜市販材料の例＞ MCナイロン®：三菱ケミカルアドバンスドマテリアルズ社の登録商標

・ポリアセタール（POM）

＜市販材料の例＞ ジュラコン®：ポリプラスチックス社の登録商標

これらはエンジニアリングプラスチック（通称、エンプラ）と呼ばれ、軽量化、低騒音化を目的に使用されています。金属材料に比べると材料強度が低いため、ガラス繊維（GF）を充填して金型で歯車を成形し、材料強度を向上させて使用することもあります。

2）歯車の加工方法

① 加工の流れ

平歯車の加工の流れを示します（**図1-7**）。

歯切りとは、歯切り盤と呼ばれる工作機械を使用して歯車の形状や歯形に応じた切削工具により、歯を削り出すことをいいます。

鉄鋼丸棒素材を旋盤によって歯切り前の形状（ブランクといいます）を作ります。そして、ブランクを歯切り盤に設置して、切削工具を使って歯切りを行った後、歯の端部に生じるバリを除去します（バリ取りといいます）。その後、浸炭焼入焼戻しや高周波焼入焼戻しといった熱処理、化成処理やショットピーニングといった表面処理を行って完成品になります。ちなみに、金型で鍛造成形されるブランク、熱処理や表面処理を行わない歯車、熱処理を行わずに電気めっきを行う歯車、熱処理後にバリ取りを行う歯車もあります。

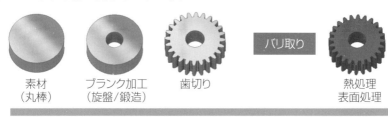

| 素材
（丸棒） | ブランク加工
（旋盤/鍛造） | 歯切り | バリ取り | 熱処理
表面処理 |

図1-7 平歯車の加工順

② ホブ切り

回転運動によって歯切りすることで加工効率が上がるため、ホブという円筒形状の切削工具での歯切りが一般的です（**図1-8**）。ホブによる歯切り加工をホブ切りといい、ホブとワーク（歯車）を同期回転させながら切削します。主に平歯車、はすば歯車の歯切りに使用します。

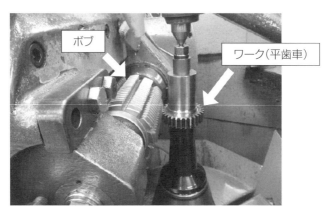

ボブ　　　ワーク(平歯車)

図1-8 ホブによる歯切り加工

◆ホブとは

　ホブは、松ぼっくりのような形をした切削工具です（**図1-9**）。ねじのすじに直角、または軸に平行な溝を入れ、ねじ面との交線を切れ刃としたフライス状の切削工具を軸方向に並べたものです。ホブの切れ刃は直線形状であり、ホブとワーク（歯車）を同期回転させるだけで、インボリュート歯形を削り出す（これを創成といいます）ことができます。

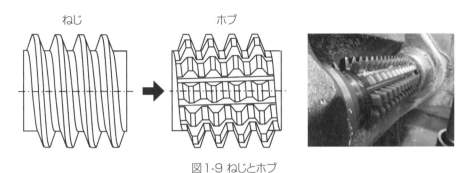

図1-9 ねじとホブ

設計目線で見る「ホブ切りの注意点」

　ホブ切りでは、ホブカッタ外径が隣り合う形状に干渉して不完全な歯形を削り出すことがあり、これを切上げ（きりあげ）といいます（**図1-10**）。

　例えば、切上げ部に転がり軸受を装着すると接触面積が少なくなっているため、転がり軸受の内輪内径面や軸の外径面が摩耗することがあります。また、オイルシールなどエッジ当たりすると機能を失う部品は、接触しない構造にする必要があります。

　切上げ長さはホブカッタ外径により変化するため、製造元に事前確認して残存Rの大きさと切上げ長さの図面指示が必要になる場合があります。

図1-10 スプライン軸部に生じた切上げ

③ピニオンカッタによる歯切り

　歯車端面に切れ刃のあるピニオンカッタと呼ばれる切削工具を使用して、歯切りを行う工作機械をギヤシェーパ（歯車形削り盤）といいます。ギヤシェーパでは、ピニオンカッタの往復運動によって歯を削り出します。平歯車のほか、円筒の内側に歯すじをもった内歯車（**図1-11**）やホブの外径が隣接する歯に干渉して、歯切りのできない段付き歯車を歯切りする際に使用されます。

　ギヤシェーパは、ホブ盤に比べて加工効率があまり良くないのが難点です。ホブ切りに比べて加工時間が2〜3倍かかるため、コストアップにつながります。そのため、部品形状による加工制約がない場合、平歯車やはすば歯車はホブ盤で加工すると考えてよいでしょう。

図1-11 ギヤシェーパでのピニオンカッタによる内歯車の歯切り

設計目線で見る「段付き歯車形状の注意点」

　段付き歯車をピニオンカッタで歯切りするときの条件として、隣り合う歯車との間に3〜4mm以上の切り刃の逃がし溝を設ける必要があります（**図1-12**）。

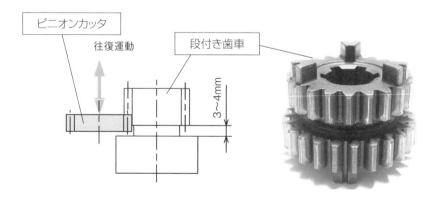

図1-12 段付き歯車の歯切り

④歯切りの環境対応

　ホブ、ピニオンカッタといった切削工具の寿命を延ばし、歯車精度を確保するため、一般的に歯切り加工では切削油を使用するウェット加工が採用されています（**図1-13**）。現在、環境問題への取組みの一環として歯切り時に使用する切削油は、油性から水溶性への代替が進んでいます。

　一方で、切削油を使用しないドライ加工（ドライカットとも呼ばれます）も採用されています。2010年以降では、ホブの材料（高速度鋼から超鋼合金へ）の開発、ホブの切れ刃への硬質コーティング（TiAlN：窒化チタンアルミ）技術の向上、さらに歯車の加工機であるホブ盤の技術進歩もあり、ドライ加工の実用化が進んでいます。

　歯車のドライ加工には、次のようなものがあります。
・冷風加工：マイナス数十℃の冷却エアを切削工具とワーク（歯車）に当てて加工する方法
・セミドライ加工：圧縮エアに切削油を混ぜたオイルミストを切削工具とワーク（歯車）に当てて加工する方法
・完全ドライ加工：エアだけを切削工具とワーク（歯車）に当てて加工する方法

◆ドライ加工のメリットとデメリット
・メリット
　切削油の使用量を削減できるほか、切削速度を高くでき、歯車精度が向上します。
・デメリット
　ドライ加工用のホブ自体が高コストです。また、ワーク（歯車）への切込み深さが大きく、送り量の大きい重切削になる場合、歯車精度を確保するには、高いホブ盤剛性が要求されるため、ドライ加工用のホブ盤への買替えが必要になることがあります。

図1-13 歯切りのウェット加工

1-1-3　円筒歯車の代表的なパラメータの簡易的な説明

1）代表的な歯車諸元（パラメータ）

　歯車の設計に必要な歯車諸元と呼ばれるパラメータのうち代表的なものに、モジュール、圧力角、ねじれ角、ねじれ方向があります。ねじれ角とねじれ方向は、項目1-2-2の5）で説明します。

①モジュール（m）

　モジュールmとは、基準円直径d_0を歯数Zで割った値であり、歯の大きさを表します（図1-14）。

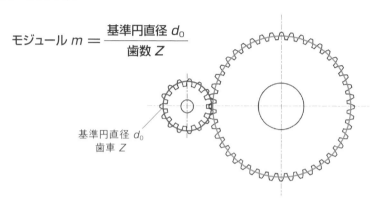

$$モジュール \ m = \frac{基準円直径 \ d_0}{歯数 \ Z}$$

基準円直径 d_0
歯車 Z

図1-14 基準円直径、歯数とモジュール

②圧力角（α）

　圧力角とは、「歯形と基準円との交点での接線」と「その交点を通る歯車の軸中心からの線」がなす鋭角側の角度をいいます（図1-15）。圧力角は歯の傾きを表しており、歯がかみ合うときの力の方向を決めるもので、歯車強度に影響を及ぼすパラメータになります。圧力角が変わると歯元の曲げ応力、歯面の接触応力が変化します。

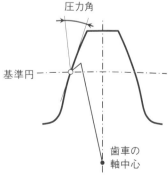

圧力角

基準円

歯車の
軸中心

図1-15 圧力角

2）歯車の各部名称

その他の歯車用語、歯車の各部名称を見てみましょう。歯車の各部名称は、「JIS B 0102-1 歯車用語−第1部：幾何形状に関する定義」に規定されています。

設計目線で見る「歯車名称の注意点」

歯車の各部名称は、業界、団体、市販書籍、さらには会社独自で歯車の同じ部位にもかかわらず、異なる用語が使用されているのが実状です。用語に違いがあるため、難しいと感じてしまうことがあるかも知れません。

例えば、図1-16の基準円は、旧JIS B 1702:1976（1998年廃止）では、基準ピッチ円という用語で規定されていました。歯車業界では長い間、基準ピッチ円の用語で親しまれてきたこともあって、会社の過去の記録や歯車専門書を読む際に、混乱してしまうことがあります。

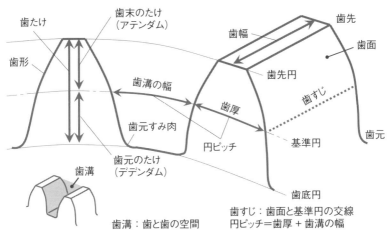

歯溝：歯と歯の空間
歯すじ：歯面と基準円の交線
円ピッチ＝歯厚＋歯溝の幅

図1-16 歯車単体で見る各部名称

φ(@°▽°@) メモメモ

アデンダム（Addendum）とデデンダム（Dedendum）、歯末のたけ？歯元のたけ？

アデンダム・デデンダム、歯末（はずえ）のたけ・歯元のたけという用語があります。
アデンダムは歯末のたけ、デデンダムは歯元のたけと同義ですが、「ア」と「デ」の違いだけですから、どちらが歯末のたけで、歯元のたけか、迷うことがあるかもしれません。
「dendum」という英単語はありませんが、英語の接頭語で「ad」は「〜へ」という意味で先端へ向かうイメージ、「de」は「下」という意味がありますので、慣れるまではこれらで覚える方法があります。他にも、五十音順に考えて、「ア」のほうが「デ」より先ということで、アデンダムは、歯<u>先</u>側を示す、歯末のたけと覚える方法もあります。

続いて相手歯車との関係性から歯車対で各部名称を見てみましょう（**図1-17**）。作用線とは、駆動歯車の基礎円と被動歯車の基礎円との共通接線をいいます。歯車のかみ合いは作用線上で行われ、かみ合い線とも呼ばれます。駆動歯車とは相手歯車を回転させる歯車をいい、被動歯車とは相手歯車によって回転させられる歯車をいいます。

　圧力角とは、「歯形と基準円との交点での接線」と「その交点を通る歯車の軸中心からの線」がなす鋭角側の角度です（前出の図1-15）。別の見方をすると、歯車対の軸中心を通る線と作用線の垂線とがなす角でもあり、歯がかみ合うときの力の方向を決めるものになります。

　バックラッシとは、一対の歯車をかみ合わせたときの歯面間の遊び、または隙間をいいます。

　頂げき（ちょうげき：頂隙）とは、歯車の中心線上での歯底円と相手歯車の歯先円との隙間をいい、クリアランスとも呼ばれます。

　かみ合い長さとは、作用線を駆動歯車の歯先円と被動歯車の歯先円で切り取った長さをいいます。歯のかみ合い始めの点とかみ合い終わりの点との長さになります。法線ピッチとは、基礎円上の歯と歯の間隔をいいます（**図1-18**）。かみ合い率は、かみ合い長さを法線ピッチで割った値になります。

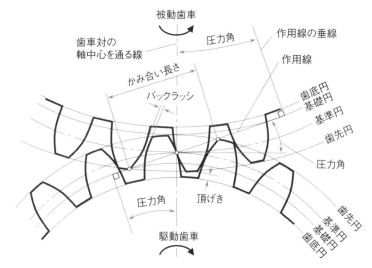

作用線：両歯車の基礎円の共通接線

図1-17 歯車対で見る各部名称

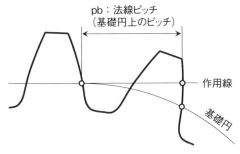

図1-18 法線ピッチ（基礎円上のピッチ）

　中心距離とは、歯車対の最短軸間距離をいいます。平行軸歯車とねじ歯車の中心距離を示します（**図1-19**）。中心距離は、軸間距離や中心間距離と呼ばれることもあります。

中心距離：歯車対の最短軸間距離

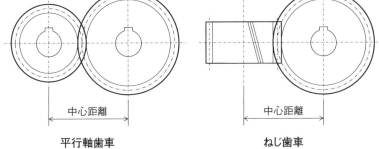

図1-19 歯車の中心距離

歯車用語って、
同じ部位を 示しているのに、
いろいろな呼び方があって、
難しいですね。

せやな〜。
しかも、昔の呼び方が
今でも使われるし、自社内でしか
通じへん独自の呼び名もあるから、
取引先との打合せ時に
確認が必要になるときがあるで。

3）インボリュート曲線とインボリュート歯形

　歯車の歯形にはサイクロイド曲線、円弧曲線、インボリュート曲線などを用いたものがありますが、現在はインボリュート曲線を用いたインボリュート歯形が多く利用されています。インボリュート曲線とは、円筒に糸を巻き付けて緩まないよう、ほどいていくときに糸の先端が描く曲線をいいます（**図1-20**）。この円筒を基礎円といい、インボリュート曲線の基になるもので、ベース円とも呼ばれています。

　インボリュート歯形をもつ歯車は、インボリュート歯車といい（**図1-21**）、自動車をはじめ、多くの工業製品に使用されています。

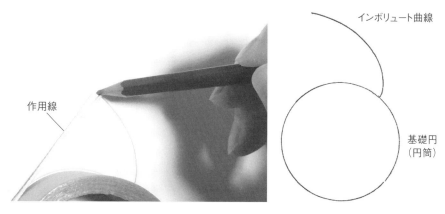

インボリュート曲線

作用線

基礎円
（円筒）

図1-20 インボリュート曲線の描き方

図1-21 インボリュート歯車

インボリュート曲線は、次のようなメリットがあるため、主流になっています。

①切削工具を製作しやすく、歯車の歯を高精度に加工できる

ホブ、ラックカッタといった切削工具は、切れ刃が直線形状のため、製作がしやすいです。ホブ、ラックカッタといった切削工具を使用して歯切りを行うことで、短時間で数μm～数十μmオーダーの誤差で高精度の歯車に加工することができます。

また、1つの切削工具で歯数の異なる歯車を歯切りできるため、製作コストの低減、リードタイムの短縮につながります。切削工具の切れ刃は直線形状であるため、摩耗したときに行う再研磨のあとでも切れ刃の歯形の変化が少なく、切削工具は長時間・長期間使用することができ、コストアップを抑えることができます。

②中心距離が多少変化しても、速度伝達比に影響せず、滑らかに回転する

歯車対の中心距離が多少変化しても歯車はかみ合い、速度伝達比に影響を及ぼすことなく動力を伝達することができます。例えば、自動車用エンジン内部には、歯車が使用されていますが、運転に伴って、エンジンケースは高温になります。ケースの熱膨張によって中心距離は変化するものの、歯車は滑らかにかみ合います。

③歯車の歯厚が多少変化した場合でも、歯車はかみ合う

切削工具で歯切りすると加工誤差を生じるため、設計した歯形や歯厚そのものが得られることはほとんどありません。さらに、高強度化を狙って歯切り後に浸炭焼入焼戻し、高周波焼入焼戻しといった熱処理を行うと熱処理ひずみが生じるため、歯形や歯厚はさらに大きな誤差が生じます。しかし、このような誤差が生じていても、歯車はかみ合います。

④高い設計自由度がある

同じモジュール、かつ同じ圧力角の歯車を歯切りする場合、一つの切削工具で異なる歯数の歯車を加工できます。これは、少し歯数の異なる歯車、例えば、設計歯数±1～2歯の歯車を手配しやすいことになります。

また、切削工具のデータム線（基準線）をワーク（歯車）の基準線から遠ざける「正転位」で歯切りする方法があります。正転位によって、歯厚を増して歯の強度を向上させたり、歯数が少ない場合に生じる歯元の切下げを防止できたりします。

一方で、次のデメリットもあり、これらは強度計算や材料選択といった設計検討を行いながらクリアしていく必要があります。

①歯面に損傷が生じやすい

・凸面同士でかみ合い接触応力が大きくなるため歯面に穴が生じることがあります。
・基準円より歯先側と歯元側では滑りながらかみ合うため歯面が摩耗しやすいです。

②最小歯数に制限がある

・歯数が少ないとき、歯元に切下げ（アンダーカット）が生じます。

1-1-4　歯数比と速度伝達比、トルク計算、伝達効率

1）歯数比と速度伝達比

　歯数比uとは、大歯車の歯数Z_2を小歯車の歯数Z_1で割った値をいい、次式で表されます。

$$歯数比\ u\ =\ \frac{歯数Z_2}{歯数Z_1}\ (ただし、Z_2 \geqq Z_1)$$

　速度伝達比iとは、入力軸の回転数n_1を出力軸の回転数n_2で割った値、被動歯車（出力軸）の歯数Z_2を駆動歯車（入力軸）の歯数Z_1で割った値をいいます（**図1-22**）。

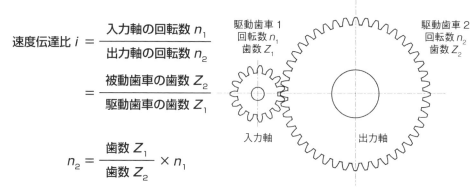

$$速度伝達比\ i = \frac{入力軸の回転数\ n_1}{出力軸の回転数\ n_2}$$

$$= \frac{被動歯車の歯数\ Z_2}{駆動歯車の歯数\ Z_1}$$

$$n_2 = \frac{歯数\ Z_1}{歯数\ Z_2} \times n_1$$

駆動歯車1
回転数n_1
歯数Z_1

駆動歯車2
回転数n_2
歯数Z_2

入力軸　　　出力軸

図1-22 速度伝達比と入出力回転数の関係

　駆動歯車1が回転数n_1で回転するとき、被動歯車2の回転数n_2は、次式で表されます。

$$n_2 = \frac{歯数Z_1}{歯数Z_2} \times n_1$$

　歯車の回転数は、歯数に依存して確実に伝達することができます。

◆減速と増速

　減速とは、被動歯車の回転数が駆動歯車の回転数に比べて一定割合で小さくなることをいい、減速（被動歯車の回転数を低く）すると出力軸トルクは速度伝達比倍大きくなります。
　増速とは、被動歯車の回転数が駆動歯車の回転数に比べて一定割合で大きくなることをいい、増速（被動歯車の回転数を高く）すると出力軸トルクは速度伝達比倍小さくなります。

◆歯数比uを使用するときの注意点

駆動歯車の歯数Z_1が、被動歯車の歯数Z_2以下の場合は、歯数比uと速度伝達比iは同値になります。超える場合は逆数となって、異なります。

2）トルク計算

歯車は、回転数を確実に伝えることができ、かつ動力の伝達効率が高い機械要素の1つです。しかし、歯車のかみ合い時に生じる摩擦熱、騒音、歯車回転による風損、潤滑油のかくはん抵抗といった損失が生じるため、トルクは100％伝えることができません。

そのため、歯車の入出力回転数は歯数比通りに得られますが、出力軸トルクは入力軸トルクに対して歯数比通りに得ることができません。

伝達効率ηを考慮して、歯車1の入力軸トルクT_1のとき、歯車2の出力軸トルクT_2は次式で表されます（図1-23）。

$$T_2 = \eta \cdot \frac{Z_2}{Z_1} T_1$$

ただし、η：伝達効率

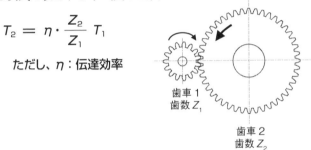

歯車1
歯数Z_1

歯車2
歯数Z_2

図1-23 歯車1と歯車2

設計目線で見る「歯数設定時の注意点」

駆動歯車と被動歯車は、同じ歯数、または割り切れる歯数（特に整数）の設定はできるだけ避けます。この理由は、同じ歯数や割り切れる歯数の場合、特定の歯が常にくり返しかみ合い、1つの歯に損傷や大きな歯車誤差があると、特定の歯の歯面を偏摩耗させたり、歯面が損傷したり、騒音の原因になったりするためです。

例えば、駆動歯車の歯数が10、被動歯車の歯数が20、減速比2の歯車対を考えます。この歯車対では、駆動歯車2回転、被動歯車1回転ごとに、駆動歯車と被動歯車の特定の歯同士がかみ合い続けることになります。

そこで、特定の歯同士のかみ合いを避け、減速比への影響が小さくなるように、歯数の多い被動歯車の歯数を1歯増やして21歯、または減らして19歯など整数比を避けた設定とします。特定の歯がかみ合い続けることを避けることで、偏摩耗を防ぐことができます。

3）伝達効率

歯車の種類別の伝達効率を示します（**表1-4**）。

この表の伝達効率には、軸受の摩擦損失、潤滑油のかくはん損失などは含まれていません。軸受の種類（ころがり軸受、滑り軸受、スラスト軸受など）、潤滑油の温度・粘度、歯面粗さを変更した場合、伝達効率が変動します。

表1-4 歯車の種類別の伝達効率

歯車の分類	歯車の種類	伝達効率
平行軸	平歯車	0.98 ～ 0.995 ※はすば歯車の伝達効率は、歯すじがねじれている分、力がスラスト方向に逃げるため、平歯車に比べて低下します。
	はすば歯車	
	やまば歯車	
	内歯車	
	ラック	
	はすばラック	
交差軸	すぐばかさ歯車	0.98 ～ 0.99
	まがりばかさ歯車	
	ゼロールかさ歯車	
食い違い軸	ウォームギヤ	0.30 ～ 0.90 ※ウォームギヤの伝達効率は、ウォームの回転数が低い場合、歯の進み角が小さい場合に低下します。
	ねじ歯車	0.70 ～ 0.95

設計目線で見る「伝達効率の低下要因」

①軸受の種類

転がり軸受の転がり抵抗に比べて滑り軸受の摺動抵抗のほうが大きいため、伝達効率が1～3%程度低下します。

②潤滑剤の粘度

潤滑剤では、一般的にグリースは潤滑油に比べて損失が大きく、伝達効率が低下します。高粘度オイルは低粘度オイルに比べてかくはん抵抗が大きいため、伝達効率が低下します。自動車用エンジンオイルでは、燃費性能向上を目的にオイルの低粘度化が進んでいます。

低粘度オイルは油膜厚さの減少につながるため、歯車だけではなく、軸受の回転部、エンジン用ピストン側面といった摺動部の摩耗増加につながることがあります。

③入力軸トルクの大きさ

入力軸トルクの大きさによっても、伝達効率が変動します。入力軸トルクが小さいときは、歯車のかみ合い摩擦や軸受の転がり（滑り）抵抗の占める割合が大きい

ため、伝達効率が低い傾向にあります。

④軸用オイルシール（ゴム製）のサイズ

　その他、伝達効率が低下してしまう部品で、設計時に気づきにくいものとして、ゴム製の軸用オイルシールがあります（**図1-24**）。特に、大きな軸径用オイルシールは、回転時の摺動抵抗が大きい場合があります。例えば、軸径100mm超え用のオイルシールでは、回転停止状態からの起動トルクが大きく、伝達効率の低下だけでなく回転数変動時の応答性も低下する場合があります。

オイルシール

図1-24 軸用オイルシール（ゴム製）

■D(̄ー ̄*)コーヒーブレイク

歯車の歴史

　紀元前600年ごろ、古代エジプトでは、大きな木製円盤の側面に等間隔に木製の杭を打ち付けた大小二つの歯車を直角に配置した装置が使用されていました。垂直の歯車には壺が取り付けられており、水平の歯車を牛などに引かせて、垂直の歯車を回すことで、水をくみ上げていました。紀元前350年ごろには、古代ギリシャのアリストテレスが、金属製の歯車に関する記録を書物に残しています。

　歯車の起源は、これら以前にはあったと考えられていますが、かなり昔から歯車が存在していたことがわかります。

　15世紀後半には、レオナルド・ダ・ヴィンチがいろいろな形の歯車を考案しており、記録に残しています。中世以降のヨーロッパでは、歯車は時計に使われるようになって、より正確な動きが重要になり、歯車の研究が大きく進みました。その後、産業革命を経て、工業の成長とともに、歯車設計・製造技術の発展へとつながりました。現在では、自動車、オートバイ、自転車、コピー機、洗濯機、扇風機など、回転するものをもつ身近な機械や製品に多く使われています。

1-1-5　円筒歯車図面の特徴

円筒歯車の図面を作成するときの注意点について説明します。

①円筒歯車の図面例（図1-25）

・投影図には、歯形、歯底の形状ではなく、基準円、歯底円、ブランクの外径を指示します。
・歯車諸元（パラメータ）は、要目表（ようもくひょう）に指示します。

②平歯車の投影図（図1-26）

・断面図と外形図で、歯底を表す線の太さが異なります。
・歯底は、断面図、外形図のいずれに指示してもよいことになっています。

③はすば歯車の投影図（図1-27）

・ねじれ方向を断面図に示す場合は、手前に見える歯すじを細い二点鎖線で指示します。
・ねじれ方向を外形図に示す場合は、手前に見える歯すじを細い実線で指示します。
・歯すじは、断面図、外形図のいずれに指示してもよいことになっています。

④円筒歯車の幾何公差指示例（図1-28）

・歯車の製図に用いる幾何公差には、図のものがあり必要に応じて指示します。
・歯面粗さは、断面図上の基準円を表す細い一点鎖線に合わせて指示します。
・円周振れは、歯切り後に測定できないため、通常、歯切り前のブランクを測定します。

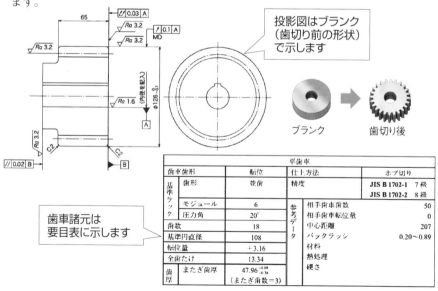

図1-25 円筒歯車の図面例（JIS B 0003 図1を引用して改変）

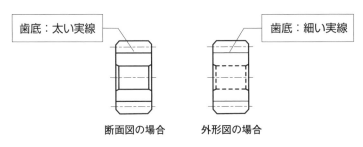

図1-26 平歯車の投影図

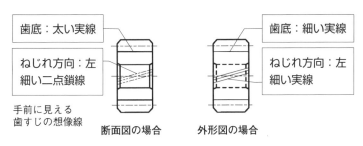

図1-27 はすば歯車の投影図

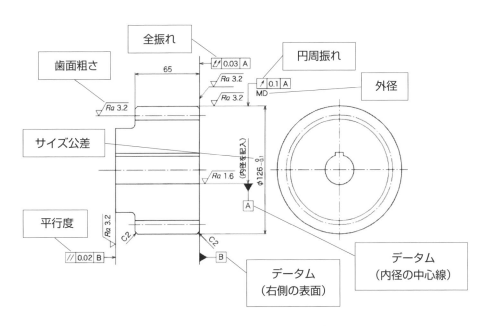

図1-28 円筒歯車の幾何公差指示例
（JIS B 0003 図1を引用して改変）

H鋼、焼入れ性とは（例えば、SCM435HのHについて）

　機械要素部品で厳しい品質条件の指示が必要になる場合、構造用合金鋼では焼入れ性（hardenability）の保証されたH鋼が使用されます（Hはhardenabilityの頭文字です）。焼入れ性とは、焼入れによって表面からどれだけ深くまで硬化できるかを示す性質をいいます。深い部分まで焼きが入り、硬化することを焼入れ性が良いといいます。

歯車の検査～またぎ歯厚測定法～

　またぎ歯厚測定法とは、歯厚マイクロメータ（**図1-29左**）などの測定器を使って、数歯をまたいで距離を測定する方法です（**図1-29右**）。歯をまたいで測定するため、またぎ歯厚と呼ばれます。この図では、2歯またいでいるため、またぎ歯数は2歯（$Z = 2$）になります。

　またぎ歯数は、基礎円近傍で歯厚が測定できるように設定します。歯車全周の数か所、例えば、X-Y方向の4か所、または120°等分の3か所を測定後、平均値をまたぎ歯厚として歯車検査書等に記録されます。またぎ歯数が多いと、歯車の誤差（歯形こう配誤差、ピッチ誤差、歯すじ誤差等）が大きく含まれてしまい、正しい歯厚測定値を得られない場合がありますので注意が必要です。

　インボリュート曲線の性質により歯車に誤差がなければ、歯を挟んだまま歯厚マイクロメータを揺動させても歯厚測定値は変化しません。

　またぎ歯厚は、歯切り中にワーク（歯車）を加工盤から取り外すことなく測定することができます。そして、またぎ歯厚測定値を元に切削工具の追い込み量への換算が容易なため、加工の微調整がしやすくなるというメリットがあります。そのため、またぎ歯厚測定法は歯車の加工現場でも一般的に用いられています。

図1-29 歯厚マイクロメータとまたぎ歯厚測定（またぎ歯数Z＝2）

第1章	2	# カタログ選定時でも役立つ円筒歯車の設計パラメータの意味

1-2-1	## 実際に設計する際の手順例

1）設計検討項目

Q（品質）C（コスト）D（納期）を考慮しつつ歯車を設計します。検討項目を次に示します。

①歯車強度

歯車が実際に使用されるところを想定しながら、計算応力値と実際の使用応力値が近くなるように強度計算します。例えば、歯車を運転しているとき、どの程度の衝撃が加わりそうかを想定して強度計算時に補正係数をかけ合わせます。

②材料選定

材料の種類を少なくすると図面作成、手配、加工の時間とコストダウンにつながります。材料は、JISの規格材から選びます。検討開始前に入手できる材料の種類、コスト、リードタイムを調べておくことで、強度計算時や図面作成時の手戻りを少なくすることができます。

③加工法

従来からある歯車加工法を使用できるように検討します。熱処理後に最終仕上げとして歯面研削（歯研とも呼ばれます）を追加すると、大幅なコストアップになります。

④潤滑法

歯車の周速度を元にして潤滑法をグリース潤滑またはオイル潤滑にするかを検討します。潤滑状態が適切でなかった場合、歯が焼付いたり、歯が折れたりします。

⑤静粛性

運転時の騒音低減のため歯車の材料変更、かみ合い率の向上、はすば歯車の採用、歯車精度の向上、歯形の工夫、歯車箱の剛性最適化、歯車箱の内外壁に防音・吸音材が装着できるよう視野に入れておきます。歯面研削は、高い歯車精度を得られますが、大幅なコストアップになります。

その他、歯車の肉を抜いて軽量にする（**図1-30**）、歯車箱の分解整備、保守点検、運搬や据付けが安全で容易にできるような検討も必要です。

軸受、キー、スプライン軸、止め輪はJISに規格品がありますが、歯車は建設機械や自動車メーカー独自で圧力角や転位係数などを設定すること

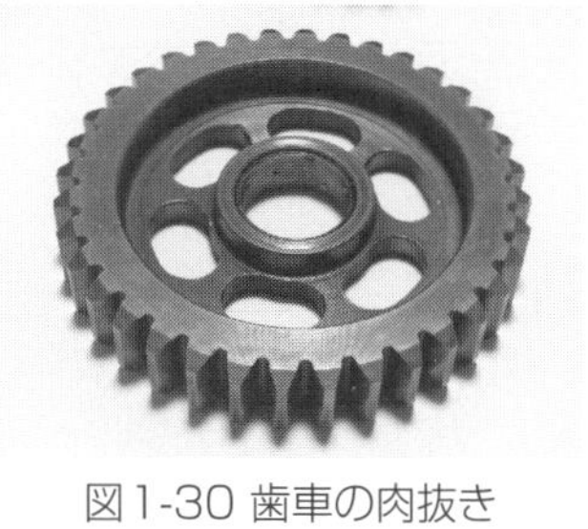

図1-30 歯車の肉抜き

が多いようです。そのため、JIS標準基準ラックを用いて製作する標準歯車の使用は少ないかもしれませんがコストアップにつながります。

　また、1から歯車を設計・製作する方法もありますが、例えば、工場設備用の歯車では入手性、コスト、リードタイムを考慮して歯車製造メーカーが販売しているカタログ歯車を使用するという方法も採用されています。

2）歯車の設計手順例

　歯車の設計手順例を示します（**図1-31**）。実際の検討では、1度ですべてが決まることは少なく、①〜③の歯車諸元（パラメータ）の調整をくり返すことで、④強度保証に至ることになります。

①基本形状の決定

　設計初期段階で「コスト・伝達効率優先（平歯車）」または「騒音・振動低減優先（はすば歯車）」のいずれかを決めます。平歯車の伝達効率は高いものの、騒音と振動を低減するには、はすば歯車の採用が望ましいです。はすば歯車の採用にあたっては、スラスト力に耐えうる軸受の検討が必要になります。

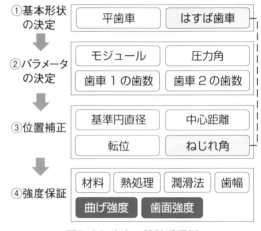

図1-31 歯車の設計手順例

②パラメータの決定

　「入力トルクと入力回転数」、「出力トルクまたは出力回転数」を元に歯数、モジュール、圧力角を決めると基準円直径と中心距離が決まります。また逆に、あらかじめ決まっているスペースに収まるよう、中心距離からモジュールと歯数を決める場合もあります。

③位置補正

　転位係数を変更することで、中心距離を調整することができます。はすば歯車は、ねじれ角を変更すると中心距離が変わります。中心距離を固定した場合は、駆動歯車または被動歯車の転位係数が変わります。

④強度保証

　材料、熱処理、潤滑法、歯幅を決めて、歯車の強度計算を行います。

　運転中に歯車が損傷せず、製品寿命を全うさせるには、主に歯元曲げ強度と歯面強度の2種類が重要になります。強度計算では、歯元曲げ応力が材料の曲げ疲労限度または許容トルクを超えないように、さらに歯面の接触応力（ヘルツ応力）が材料の許容面圧または許容トルクを超えないように検討を行います。

1-2-2 設計パラメータ

1）モジュール（*m*）

　例えば、丸棒材は径と長さ、板材は縦横長さと厚さにより、それぞれの大きさを想像することができます。一方、歯車の歯の大きさについては、同じ径でも歯数によって歯厚が変化します。歯数の多い歯車と歯数の少ない歯車の歯厚を比べると、歯数の多い歯車のほうが歯厚は小さくなります。また同じ歯数でも、径の大きい歯車は小さい歯車に比べると歯厚は大きくなります。このように径や歯数がわかっていても、歯の大きさは容易に想像することができません。

　それでは歯の大きさを見てみましょう。

　基準円の円周を歯数で割ったものは円ピッチになります（前出の図1-16）。

　　円ピッチ＝基準円の円周 πd_0／歯数Z

　円ピッチは歯厚と歯溝の幅を足し合わせたものであり、転位[※]を行わない標準歯車では歯厚＝歯溝の幅ですので、円ピッチがわかると歯厚もわかります（**図1-32**）。

　：転位については項目1-2-3参照

　しかし、コンピュータが発達していなかった時代は手計算を行っていましたので、円周率πがあると計算が煩雑になります。そこで、次式のように円周率πをなくし、歯の大きさを表す歯車諸元（パラメータ）として「モジュール」が決められました。

　　モジュールm＝基準円直径d_0／歯数Z

　このようにして基準円直径を歯数で割った値がモジュールになりました。そして、このモジュールを基準に歯末のたけ、歯元のたけ、頂げきなど、歯車の各サイズも決められました。モジュールの単位は「mm」ですが、単位を付けずに呼ばれたり、図面に指示されたりすることがあります。

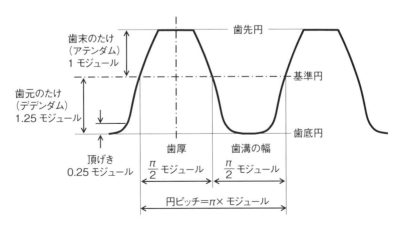

図1-32 歯の大きさ（標準歯車の例）

同じモジュール、かつ同じ圧力角であれば、歯数の異なる歯車でも、同じ切削工具（例えば、ホブ）で加工できます。そのためモジュールというパラメータを使用することは、加工面から見てもメリットがあるというわけです。

　モジュールの標準値は、「JIS B 1701-2 円筒歯車－インボリュート歯車歯形－第2部：モジュール」に規定されています（**表1-5**）。I系列のモジュールを優先して使用し、必要に応じてII系列から選択するとよいでしょう。

　建設機械、自動車などで使用される減速・増速機用歯車では、歯車強度と歯数比を最適化するためJIS標準値を使用せず、特殊なモジュールを使っている例もあります。しかし、この場合、ホブといった切削工具を歯車1品ずつ専用に製作する必要があり、切削工具の製作コストがかかるだけではなく、保管場所の確保など、管理面でも煩雑になってしまいます。

表1-5 モジュールの標準値

（単位：mm）

I系列	II系列	I系列	II系列
1	1.125	8	7
1.25	1.375	10	9
1.5	1.75	12	11
2	2.25	16	14
2.5	2.75	20	18
3	3.5	25	22
4	4.5	32	28
5	5.5	40	36
6	6.5※	50	45

※できるだけ避ける
（JIS B 1701-2 表1を引用）

2）圧力角（α）

　圧力角とは、「歯形と基準円との交点での接線」と「その交点を通る歯車の軸中心からの線」がなす鋭角側の角度をいいます（**図1-33**）。JISでは標準として圧力角20°が規定されていますが、14.5°、17.5°、25°など他の角度も使用されています。

　1930年代〜1980年ごろまで圧力角14.5°が多く使用されていました。この理由は、sin14.5°≒1/4であり、手計算がしやすかったためといわれています。また、圧力角は小さい方が、かみ合い率（次ページ参照）が大きく低騒音化に有利なこと、そして軸や軸受への荷重が小さいという理由もあったようです。

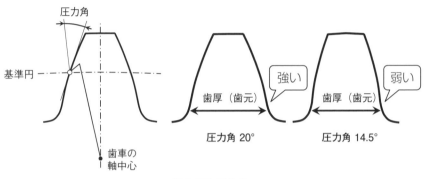

図1-33 圧力角

設計目線で見る「圧力角に対する歯車強度とかみ合い率の関係」

　圧力角が小さい場合、歯厚は小さくなり、運転時の歯元曲げ応力が大きくなるため、歯の折損可能性が高くなります。さらに、かみ合い時の歯面の接触応力（ヘルツ応力）も大きくなるため、歯面に損傷が生じる可能性も高まります。しかし、かみ合い率は大きくなり、低騒音化に有利になります。また、切下げ防止にも有利になります（**表1-6**）。総合的に判断して歯車強度の低下を防ぐため、現在では、主に圧力角20°が用いられています。

　歯元曲げ応力と歯面の接触応力（ヘルツ応力）については、後ほど項目1-3-2、1-3-3で説明します。

表1-6 圧力角に対する歯車強度・かみ合い率・切下げの関係

圧力角	歯車強度	かみ合い率	切下げ
14.5°	小	大	小
20°	大	小	大

※ かみ合い率については次ページ3）参照
※ 切下げについては項目1-2-3の2）参照

3）かみ合い率（ε）

　歯車は、歯のかみ合いが途切れてしまうと、滑らかに回転させることができません。途切れるということは、空転する間があり、隣の歯にかみ合ったときに衝撃が生じて歯が折損したり、歯の打音による騒音につながったりする原因になってしまいます。そのため、一組の歯のかみ合いが終わる前に隣の歯がかみ合い始めていなければならず、常に1歯以上かみ合っている必要があります。

　平歯車で同時にかみ合っている歯数が、1歯のとき、2歯のときの例を示します（**図1-34**）。歯車の回転に伴い、かみ合いは1歯→2歯→1歯→2歯・・・とくり返されます。一組の歯のかみ合い始めから、かみ合い終わりまでの間にかみ合う平均歯数をかみ合い率といいます。基礎円の円周を歯数で割った値を法線ピッチ（前出の図1-18）といい、かみ合い率は、かみ合い長さを法線ピッチで割った値で表されます。

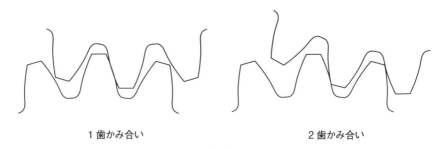

　　　　1歯かみ合い　　　　　　　　　　　2歯かみ合い

図1-34 歯車のかみ合い

設計目線で見る「歯車諸元パラメータとかみ合い率の関係」

　かみ合い率は、モジュール、歯数、転位係数、圧力角、歯先円直径、基準円直径の影響を受けて変化します。

　一般に、次の傾向があります。

・モジュールを小さくして歯数を増やすと、かみ合い率は大きくなります。

・駆動歯車と被動歯車の転位係数の和が大きくなると、実際に歯がかみ合うピッチ円（かみ合いピッチ円とも呼ばれます）での圧力角が大きくなるため、かみ合い率は小さくなります。

・圧力角を大きくすると、かみ合い率は小さくなります。

・歯末のたけ（アデンダム）を大きくする、すなわち歯先円直径を大きくすると、かみ合い長さが長くなるため、かみ合い率は大きくなります。

平歯車のかみ合い

平歯車のかみ合い率1.6を例に、数値の見方について説明します（**図1-35**）。図は、平歯車を軸方向から見た、歯形のかみ合いを表しています。

　かみ合い率の1.6を整数部分の1と小数部分の0.6に分けます。小数部分0.6は、かみ合い始めとかみ合い終わりの区間を示しており、0.6の区間では歯は2歯かみ合い、挟まれた0.4の区間では歯は1歯かみ合っていることを表しています。かみ合い始めとかみ合い終わりの区間では歯が2歯かみ合いますので、1歯への荷重が下がり、歯元曲げ応力と接触応力が小さくなっています。

　かみ合い率が2以上になると、2歯→3歯→2歯→3歯・・・のくり返しになり、さらに1歯への荷重が下がり、歯のたわみ変動幅が小さくなって滑らかにかみ合うため、騒音・振動が小さくなります。

設計目線で見る「かみ合い率の注意点」

　前ページで平歯車を設計する際は、常に1歯以上かみ合うこと、すなわち、かみ合い率1以上が必要と説明しました。しかし、実際には、歯車の誤差、組立て時の誤差があり、歯のかみ合い率が小さくなることがあり、一般的に、かみ合い率は1.2以上に設定します。

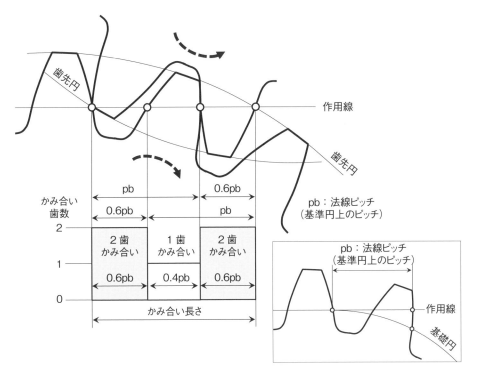

図1-35 歯のかみ合い（かみ合い率1.6の場合）

4）はすば歯車

　はすば歯車の歯形断面やモジュールを表す方式には、歯直角断面を示す歯直角方式と軸直角断面を示す軸直角方式の2種類があります（**図1-36**）。

　ホブ盤での歯切りや平歯車用ホブを共用する場合があり、歯直角方式が多く使用されています。

　平歯車は、ねじれ角0°のため、軸直角断面と歯直角断面は同一になります。

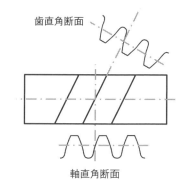

図1-36 歯直角方式と軸直角方式

◆はすば歯車のメリット、デメリット

① メリット

・低騒音化と低振動化につながる

　かみ合い時に多くの歯に荷重分担ができ、歯のたわみ量が小さくなります。滑らかに歯車を回転させることができるため、低騒音化と低振動化につながります。

② デメリット

・スラスト力が生じる

　歯車のかみ合い時、軸方向にスラスト力が生じるため、スラスト力に耐えうる軸受やストッパが必要になります。軸方向の固定機能を持たないニードルベアリング（**図1-37**）単独では使用することができません。軽負荷であれば、転がり玉軸受、高負荷ではスラスト軸受やテーパ軸受など、軸方向の荷重を受けもつ軸受が必要で、コストアップの要因になります。

・歯切り加工にコストがかかる

　平歯車に比べて、はすば歯車は歯幅が同じでも、ねじれ角度分、歯すじの長さを大きくとることができます。反面、加工長が長くなること、ねじれ角度出しに手間がかかること、さらに加工途中と完成品での歯車検査に時間を要するため、平歯車に比べるとコストアップにつながります。

図1-37 ニードルベアリングと平歯車での使用例

5）はすば歯車のねじれ角、ねじれ方向、スラスト力、かみ合い

①ねじれ角（β）

　ねじれ角とは、つるまき線と歯車の軸とがなす鋭角側の角度をいいます（**図1-38**）。はすば歯車の歯すじは、三次元曲線のように見えますが、歯先円筒部にスタンプインクを塗って紙に転がしてみると直線であることがわかります（**図1-39**）。

②ねじれ方向

　はすば歯車のねじれ方向には、「右ねじれ」と「左ねじれ」があります。歯車の回転軸が上下に向くように置いたとき、歯すじが右斜め上に向くものを右ねじれ、左斜め上に向くものを左ねじれといいます（**図1-40**）。

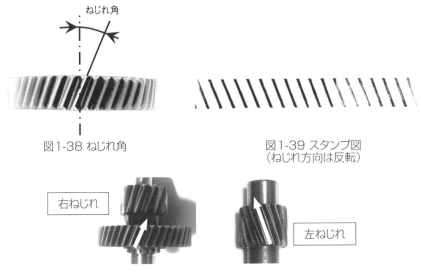

図1-38 ねじれ角　　　　図1-39 スタンプ図
（ねじれ方向は反転）

図1-40 はすば歯車の右ねじれと左ねじれ

　すじが右斜め上を向いているものに、「ねじ」があります。例えば、電球のねじは、右ねじでできており、すじの方向を見ると右斜め上に向いていることがわかります（**図1-41**）。電球をソケットに取り付けて回転させると電球は軸方向に進んでいきます。

図1-41 電球のねじ（右ねじれ）

はすば歯車でも同じように、歯すじが
ねじれていますので、回転させることで
軸方向へ進みます。その際に生じる力が
スラスト力です。はすば歯車は、ねじに
比べて回転軸とすじのなす角度が小さい
ものと想像してください。

はすば歯車は、右ねじれと左ねじれの
歯車が一対となって、かみ合わせること
ができます（**図1-42**）。同じモジュール、
同じ圧力角、かつ同じねじれ角をもつは
すば歯車でも右ねじれ同士、または左ね
じれ同士の歯車をかみ合わせることはで
きません（食い違い軸歯車は同じねじれ
方向の歯車同士でかみ合います）。

図1-42 はすば歯車のかみ合い
（上段:左ねじれ、下段:右ねじれ）

③スラスト力

はすば歯車のスラスト力が生じる方向を詳しく見てみましょう（**図1-43**）。はす
ば歯車は、駆動歯車のねじれ方向と回転方向の違いによってスラスト力の生じる方
向が変わり、図①～④の4つの組み合わせがあります。設計時に歯車の回転方向と
スラスト力の方向からねじれ方向を決め、スラスト力に耐えうる軸受の検討が必要
になります。

一般的にねじれ角は5°～25°程度が使用されています。ねじれ角を大きくすると、
運転時に生じるスラスト力も大きくなります。ちなみに平歯車は、ねじれ角0°の
歯車になります。

歯数を変えずにねじれ角だけを変更して、同じホブで歯切りすることで中心距離
の変更や微調整を行うことができます。

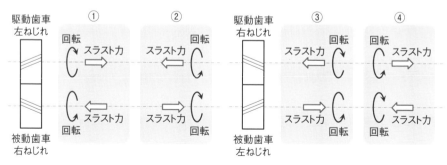

図1-43 ねじれ方向とスラスト力の方向
（③上図を右ねじと考え回転させたときに進む向きがスラスト力の生じる方向）

④かみ合い

　平歯車とはすば歯車がかみ合っているときの歯幅方向の線（これを同時接触線といいます）について、イメージを示します（**図1-44**(a)、(b)）。平歯車は、2歯→1歯→2歯→1歯・・・のかみ合いをくり返します。はすば歯車は、歯のねじれによって、斜め方向にかみ合っており、3歯→2歯→3歯→2歯・・・のかみ合いをくり返します。

　図1-44(b)のように、はすば歯車は、平歯車に比べると多くの歯がかみ合うため、荷重を分担でき歯車強度が高くなります。具体的には、歯元に生じる曲げ応力と歯面に生じる接触応力が低減するため、歯元の折損防止、歯面の摩耗防止、歯面の損傷防止に対して有利になります。また、歯のたわみ変化量が小さくなるため、歯車は滑らかに回転して低騒音・低振動化につながります。ただし、前項③で説明したように、軸方向へのスラスト力が生じます。

（a）平歯車のかみ合い（1＜かみ合い率＜2 の例）

（b）はすば歯車のかみ合い（2＜かみ合い率＜3 の例）

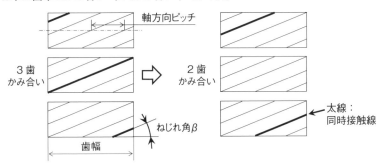

図1-44 平歯車・はすば歯車のかみ合い箇所の違い（イメージ）

　はすば歯車の全かみ合い率は、次式で表されます。

　　　全かみ合い率＝正面かみ合い率＋重なりかみ合い率

　ここで、正面かみ合い率とは、前項3）で述べた歯形方向（＝歯たけ方向）のかみ合い率をいいます。そして、歯すじがねじれているため、歯幅方向で見ると、平歯車に比べてかみ合い長さが長くなります。ねじれによって増える、かみ合い率を重なりかみ合い率といいます。なお、全かみ合い率は、単に、かみ合い率と呼ばれることもあります。

重なりかみ合い率は、次で表されます。

$$\text{重なりかみ合い率} = \frac{\text{歯幅} \times \tan \text{ねじれ角}}{\text{法線ピッチ}}$$

なお、平歯車のねじれ角は0°ですので、平歯車の重なりかみ合い率は0になります。

$$\text{重なりかみ合い率} = \frac{\text{歯幅}}{\text{軸方向ピッチ}} \quad \text{でも表すことができます。}$$

実例として、はすば歯車のかみ合いを示します（**図1-45**）。矢印で示した歯は、図の手前から奥行方向でもかみ合っており、合計で3歯かみ合っている状態です。

図1-45 はすば歯車のかみ合い

設計目線で見る「歯車以外の低騒音・低振動化に向けて」

はすば歯車は、ねじれ角を大きくしたり歯幅を増やしたりすることで、重なりかみ合い率が大きくなり全かみ合い率を向上させることができます。はすば歯車のメリットを引き出すには、全かみ合い率が2を超えるように、ねじれ角を設定することです。一般的に、ねじれ角5°～25°程度が採用されています。

かみ合い率2未満の採用が多い平歯車でもモジュールを小さくして歯数を増やすことで、かみ合い率2以上を確保しやすくなります。ただし、2以上とれないと歯元曲げ応力、歯面の接触応力が大きくなるため注意が必要です。

前ページで説明したように、かみ合い率が2以上になると、歯のたわみ変化量が小さくなって歯車回転時の荷重変動が小さくなり、歯車のかみ合い振動（これをかみ合い起振力といいます）が低減します。かみ合い起振力が低減すると歯車箱の壁面から生じる放射音も小さくなるため、歯車以外の部品から生じる騒音や振動の低減も期待できます。

6) バックラッシ

　バックラッシとは、歯車をかみ合わせたときの歯面間の遊び、または隙間をいいます（**図1-46**）。バックラッシが必要な理由は、騒音や振動を生じず、滑らかに歯車を回転させるためです。しかし、バックラッシは、小さすぎても大きすぎても騒音や振動の原因になるだけではなく、歯車の損傷につながることもあるため、重要な歯車諸元（パラメータ）の1つになります。

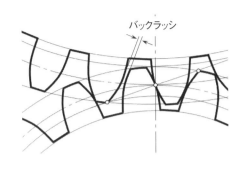

図1-46 バックラッシ

　運転負荷によって、歯車、軸、軸受、歯車箱、その他の部品に変形が生じることでバックラッシは変化します。また、軸受の回転で生じる摩擦によって、歯車以外の部品各部が熱膨張するとバックラッシが大きくなる場合があります。

　バックラッシ許容値は、各会社のノウハウになっていることが多いですが、日本歯車工業会の規格「JGMA 1103-1 歯車精度 平歯車及びはすば歯車のバックラッシ並びに歯厚」に歯車組立て時のバックラッシ許容値が規定されています。ちなみに、JISにも平歯車とはすば歯車のバックラッシ許容値の規格がありましたが、1999年に廃止されました（廃止規格 JIS B 1703:1976 平歯車及びはすば歯車のバックラッシ）。

> バックラッシ量には決まった値はないねん。
> せやから、バックラッシ量は各会社のノウハウに
> なっていることが多いんや。

設計目線で見る「バックラッシの注意点」

①バックラッシが小さすぎる場合

　歯面間の潤滑油膜が切れて金属同士がこすれ合い、摩擦熱の発生によって歯面が焼付くことがあります。また最悪、歯が折損するなど歯車の損傷原因になります。

②バックラッシが大きすぎる場合

　エンジンやモータなどの動力源に変動トルクがあると、被動歯車が駆動歯車を回転させるような状態になります。そして、これがくり返され、カタカタ音、ガラガラ音といった騒音が発生します（歯打ち音やラトルノイズと呼ばれます）。対策としてバックラッシを小さくしないといけない場合があります。

1）基準円と転位係数

　転位（てんい）とは、位置をずらすことをいい、歯車では切削工具のデータム線（基準線）を歯車（ワーク）の基準円からずらすことをいいます（図1-47）。転位して歯切りされた歯車を転位歯車といいます。

◆転位は次の場合に行われます。

・歯厚を増減して歯車の強度を調整する

・中心距離を調整する

・切下げ（アンダーカット）を防止する

　転位係数とは、転位量（mm）をモジュール（mm）で割った値をいい、転位量または転位係数のいずれかを図面に指示します（前出の図1-25要目表）。

　平歯車、はすば歯車といった外歯車では、切削工具のデータム線を歯車の基準円から遠ざけることを正転位（プラス転位ともいいます）、近づけることを負転位（マイナス転位）といいます。外歯車を正転位で歯切りすると、歯厚を大きくすることができます。逆に、負転位で歯切りすると、歯厚は小さくなります。内歯車では、切削工具のデータム線を歯車の軸へ近づけることを正転位といい、歯厚は大きくなり歯溝の幅は小さくなります。外歯車、内歯車のいずれにおいても、正転位すると歯厚は大きく歯溝の幅は小さくなります。

　歯数の少ない小歯車を正転位、歯数の多い大歯車を負転位で歯切りして小歯車の強度を上げ大歯車の強度を下げることで、両歯車の寿命を均等化することができます。

設計目線で見る「正／負転位を図面指示するときの注意点」

　旧JISでは、内歯車も外歯車と同じように、正転位は切削工具のデータム線を歯車の軸から遠ざけることと定義されていました。しかし、「JIS B 0102 - 1 歯車用語−第1部：幾何形状に関する定義」ではISOの規格に合わせて、内歯車の正転位は歯厚が大きくなる方向に変更されました。そのため、現行JIS適用前に書かれた内歯車の図面を参考にして新しく図面を作成するときは、図面指示に注意が必要です。

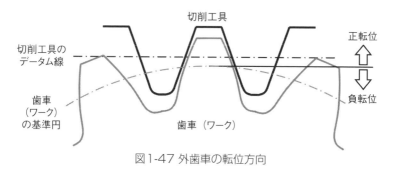

図1-47 外歯車の転位方向

２）歯数の制約

①切下げ（アンダーカット）による制約

　最小歯数は、歯元に切下げ（きりさげ）が生じるか否かで制約されます。切下げとは、歯切り時に切削工具の刃先が歯元部を削り取ることをいいます（**図1-48**）。切下げは、歯数が少ない場合、圧力角が大きい場合に生じます。圧力角20°では切下げの生じない理論最小歯数は$Z = 17$ですが、実用最小歯数は$Z = 14$といわれています。

・切下げが生じない最小歯数Zと

　圧力角αの関係

$$Z = \frac{2}{\sin^2\alpha}$$

切下げ限界最小歯数(理論値)：$Z = 17$

・切下げが生じる限界歯数Zと

　転位係数xの関係

　（圧力角$\alpha = 20°$の場合）

$$x = \frac{17 - Z}{17}$$

図1-48　切下げ（アンダーカット）

　歯数17未満にしたい場合、切下げ防止のためには、転位係数＞０の設定が必要です。

設計目線で見る「切下げの注意点」

　切下げのある歯車を使用してはいけないわけではありません。しかし、切下げがあると、歯元の歯厚が減少しているため、運転時に歯元曲げ応力が大きくなり、歯が折損する場合があります。切下げにより、かみ合い長さが短くなると、かみ合い率が低下します。歯元に切欠き形状があると、衝撃荷重を受けた際、歯が折れる恐れもあるため、注意が必要です。

　切下げ防止策としては、次のものがあります。

・歯数を増やす

　速度伝達比が変わりますので、相手歯車の歯数も見直す必要があります。

・転位量を増やす

　切削工具のデータム線をワーク（歯車）の基準円から切削工具を遠ざけて加工する、つまり転位量を増やして歯切りします。かみ合い長さを確保しつつ転位量を大きくすると、歯先尖りが生じる場合があります。

・圧力角を小さくする

　例えば、圧力角を20°から17.5°へ変更して、歯元の歯厚を小さくして切削工具刃先との干渉を避けます。ただし、相手歯車も同じ圧力角への変更が必要です。

②歯先尖りによる制約

　切下げを防止するために正転位を大きくしすぎると、歯先尖り（はさきとがり）が生じます（図1-49）。

　歯先や角部は、歯面に比べて冷えやすく、浸炭焼入焼戻しや高周波焼入焼戻しといった熱処理で実施される焼入れによって深い部分まで硬化して脆く（もろく）なる場合があります。そのため、歯先が尖っていると歯車のかみ合い時の荷重によって欠けてしまうことがあります。

　材質や運転負荷にもよりますが、歯先の最小歯厚は「0.2×モジュール〜0.4×モジュール(mm)」の設定が目安です。例えば、モジュール3の場合は、「0.6〜1.2mm」が目安になります。

　もちろん、歯先尖りがあっても、使用頻度が少ない、くり返し数が少ない、または歯先が欠けるほどの荷重が掛からないなど問題が生じない場合もあるため、設計仕様によります。

設計目線で見る「歯先欠け対策の注意点」

　歯先欠けを防止するためには、次の方法があります。

・歯先円直径を小さくする＝歯末のたけ（アデンダム）を小さくする

　歯先の歯厚を増やすために、歯先円直径を小さくします。ブランクの外径は旋盤加工で寸法出しを行うことが多いため、対策としては比較的容易ですが、かみ合い長さが短くなり、かみ合い率の低下に注意が必要です。

・セミトッピング（歯先面取り）を追加する（図1-50）

　歯切りと同時にセミトッピングのできるホブを新たに用意する必要があるため、製作リードタイムとコストアップ要因になり、注意が必要です。

・転位量を小さくする

　転位量を小さくし過ぎた場合、切下げが生じる可能性があります。切下げが生じて歯元の歯厚が小さくなると歯元曲げ応力が大きくなるため注意が必要です。

歯先尖り

図1-49 歯先尖りのある歯車

セミトッピング
（歯先面取り）

図1-50 セミトッピング（歯先面取り）のある歯先

歯とキー溝の位相合わせが必要なときは、投影図に注記を指示します（**図1-51**）。

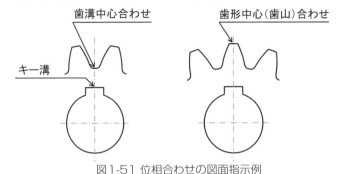

図1-51 位相合わせの図面指示例

歯とキー溝の位相合わせが不要なときは、図面の注記で断りを入れると加工にやさしく、低コストになります。「注記の記載例）歯とキー溝の位相は不問。」

設計目線で見る「歯とキー溝の位相に関する注意点」

歯車の歯元すみ肉とキー溝との肉厚が薄いと、運転時に歯元すみ肉からキー溝角部にかけて歯が損傷する可能性と、キー溝角部から歯底にかけて損傷する可能性があります。そのため高荷重で使用される歯車では、歯とキー溝の位相角設定が必要になる場合があります。

■D(￣ー￣*)コーヒーブレイク

歯車の今後の展望

はすば歯車は、EV（電気自動車）用モータの減速機歯車として多く利用されています。

EVのトレンドとして、モータの小型化、高回転化が進んでいますが、モータの特性により高回転域ではトルクが低下してしまいます。そのため、高回転でのトルクを確保するため、より大きな減速比を得られる歯車対が必要になっています。

私たちが自動車を運転するときの速度域は、例えば、日本の高速道路では100km/h程度での走行になりますので、モータが高回転化してもタイヤの回転数は一定に保つ必要があります。そのため、モータに取り付けられた減速機歯車は、より大きな減速比を得るために1段から2段へと多段化が進んでいます。

19世紀後半にエンジンが発明されてから、高回転と高出力を目指して研究開発され発展していったようにEVも同じような発展をするのかもしれません。もしかすると、近い将来、EV用減速機歯車は、3段、4段、さらには手動変速機、自動変速機も搭載・・・といった具合に歯車の使用数も増えていくのかもしれません。

今後、EVが発展しても、内燃機関が残ることになったとしても、歯車技術は、他の機械要素技術とともに重要であることに変わりはないと考えられます。

使用環境上の注意点

歯車を次のような状態や環境で使用するときは、注意が必要です。

①高速回転

浸炭焼入焼戻し、高周波焼入焼戻しなどの熱処理を行って材料強度の向上を図り、最終仕上げとして歯面研削（歯研、歯研削、歯研磨とも呼ばれます）を行った高精度な歯車やはすば歯車を使用します。理由は歯車の周速度が大きい場合（回転数が高い場合）、歯車の誤差と歯のたわみ変動で生じる振動によって、動的な荷重（これを動荷重といいます）が増大するため、歯車の強度は低下するためです。

②無潤滑

伝達トルクが小さい軽負荷であれば樹脂歯車を無潤滑で使用できますが、歯車の損傷防止を図りながら機械の運転を継続するには潤滑することが望ましいです。理由は金属歯車対を無潤滑で使用する場合、歯面の摩耗、ひっかききず、焼付き、最悪は歯の折損など、歯車の損傷につながる可能性が高くなるためです。

③クリーンルーム

クリーンルームで歯車を使用する場合、完全に密封された歯車箱（ギヤボックス）内での使用が必要になります。理由は摩耗粉や潤滑剤の飛散を防止するためです。

④食品機械

さびや油を避ける必要のある食品機械で歯車を使用する場合、歯車の材料としてステンレス鋼、樹脂を選択します。

無潤滑運転が理想ですが、困難な場合は潤滑を行う必要があります。万一、口に入ったとしても、極力健康に影響を与えないHACCP（ハサップ）適合の食品機械用潤滑油（ギヤ油、油圧作動油等）が販売されています。ちなみに、国内では、改正食品衛生法（2021年6月1日施行）によって、原則、HACCPに沿った衛生管理の実施が義務付けられています。

φ(@°▽°@) メモメモ

HACCP（Hazard Analysis and Critical Control Point）とは

「HACCP（ハサップ）とは、食品等事業者自らが食中毒菌汚染や異物混入等の危害要因（ハザード）を把握した上で、原材料の入荷から製品の出荷に至る全工程の中で、それらの危害要因を除去又は低減させるために特に重要な工程を管理し、製品の安全性を確保しようとする衛生管理の手法です。この手法は国連の国連食糧農業機関（FAO）と世界保健機関（WHO）の合同機関である食品規格（コーデックス）委員会から発表され、各国にその採用を推奨している国際的に認められたものです。」（厚生労働省ホームページから引用）
【引用元URL https://www.mhlw.go.jp/stf/seisakunitsuite/bunya/kenkou_iryou/shokuhin/haccp/index.html 】

1-2-6　樹脂材料使用時の注意点

歯車用材料として、樹脂を使用するとき（例、図1-52）の注意点を説明します。

①バックラッシを大きめにとる

樹脂歯車は、吸湿や運転時の温度上昇によって歯が膨張するため、バックラッシが小さくなります。そこで、歯厚を小さく設定してバックラッシを大きくとっておく必要があります。

特にナイロン（PA）材は、吸湿性が高く、かつ運転時に歯厚が増してバックラッシが小さくなる点に注意が必要です。

②油潤滑を採用する

樹脂歯車は放熱しにくく、歯面温度が上昇しやすいため、潤滑と冷却を目的として、油潤滑の採用が望ましいです。特に高速回転で使用する場合、かみ合い時に歯面が高温になりやすいため油潤滑が必要です。

ただし、歯車の回転時は潤滑油が飛散しますので、歯車箱などの周辺部品にPC（ポリカーボネート）、ABS樹脂を使用すると、ソルベントクラック（ケミカルクラックともいいます）を起こす可能性があるため注意が必要です。

③金属歯車と組み合わせる

樹脂歯車は、かみ合い時に温度上昇しやすいため、相手歯車に金属歯車を使うことで、放熱を促進して歯面の温度上昇の抑制を期待できます。

金属歯車は、樹脂歯車にダメージを与えることがあるため、金属歯車の歯先や歯端にあるバリの除去、歯面粗さを良好にしておく必要があります。歯先に生じるバリを抑制する方法として、金属歯車のホブ切り時に歯先にセミトッピング（歯先面取り）を行う方法や、歯切り後にバフ掛けを行う方法があります。

④耐熱性のある材料を使用する

ナイロン（PA）製の歯車は歯面温度120℃以下、ポリアセタール（POM）製の歯車は歯面温度95℃以下での使用が目安になります。ちなみに鉄鋼製の歯車は、周囲温度が150℃程度以下であれば硬さが低下しにくいため使用することができます。

図1-52 プリンタ・トナーの樹脂歯車（はすば歯車）

1）潤滑の目的

歯車を潤滑する目的は、主に次の2つです。

①摩擦損失の低減

油膜を形成してかみ合う歯面の動摩擦係数 μ の値を小さくするためです。

②歯面の冷却

ころがり摩擦と滑り摩擦によって生じる歯面の温度上昇を抑えるためです。歯面が高温になり過ぎて材料が軟化すると強度が下がってしまうため、歯面の損傷や歯の折損につながります。

2）潤滑法

歯車の騒音・振動を抑え寿命を延ばすには、潤滑が重要な役割をもちます。

潤滑法には、次の3つがあり、一般的に歯車の基準円上の周速度で選択します（**表1-7**）。

①グリース潤滑法

歯面にグリースを塗布する方法です。開放歯車箱および密閉歯車箱において、次の②や③に比べて歯車の周速度が低い場合に使用します。

②はねかけ潤滑法（油浴式）

歯車の回転によって歯車箱に溜めた潤滑油をはねかけ飛ばすことで、歯車や軸受を潤滑する方法です。潤滑油をはねかけるためには、歯車の周速度は3m/s以上必要といわれています。

③強制潤滑法

ポンプを使用して、歯車のかみ合い部分へ強制的に給油する方法です。給油方式は、滴下式（パイプで潤滑油を給油）、噴射式（ノズルで潤滑油を噴射）、噴霧式（圧縮エアで潤滑油をミスト状にして噴射）の3つに分類されます。

表1-7 平歯車、はすば歯車、かさ歯車の潤滑法と周速度

	潤滑法	周速度 (m/s)
①	グリース潤滑法	～6
②	はねかけ潤滑法（油浴式）	3～15
③	強制潤滑法	13～

第1章	3	# 円筒歯車の 不具合現象と対策

歯車の代表的な不具合として、騒音・振動、歯の折損、歯面の損傷があります。それぞれの不具合要因と対策について説明します。

1-3-1　歯車の騒音・振動

1）騒音・振動の要因と対策

騒音と振動を増大させる要因と対策には、次のものがあります。

要因① 歯車誤差が大きい

歯車に誤差があると滑らかな回転が得られず、騒音・振動が生じることがあります。

（対策）ホブ切り条件の変更、歯面のシェービング仕上げや研削仕上げの追加などによって、ピッチ誤差、歯形誤差、歯すじ誤差、歯溝の振れをできるだけ小さくします。

要因② 歯当たりが悪い

かみ合い時に歯面が片当たりすると、局部的に歯のたわみが大きくなり、滑らかな回転が得られないことがあります（**図1-53**）。

（対策）例えば次の方法があります。

・歯面にクラウニング（歯面両端を逃がす）をつける（**図1-54**）
・軸付き歯車の剛性（太さ、長さ）を見直す（**図1-55**）
・軸の取付け角度（ミスアライメントの大きさ）を小さくする
　ミスアライメント：入力軸と出力軸の傾き

図1-53 歯面の片当たり

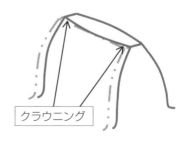

図1-54 クラウニング

図1-55 軸付き歯車

要因③ バックラッシが大きい

　バックラッシが大きく、入力トルクや伝達トルクに脈動がある場合、歯打ち音（ラトルノイズ）が生じることがあります。

（対策）歯厚を微増させて、バックラッシを小さくします。しかし、バックラッシを小さくしすぎても、騒音、振動だけではなく、歯車の損傷要因になります。詳細は、項目1-2-2の6）を参照ください。

要因④ 歯面粗さが大きい

　歯車は、基準円(※)より歯先側歯面と歯元側歯面では、滑りを伴いながら回転するため、歯面粗さが大きい場合、滑らかな回転を得られないことがあります。

（対策）例えば次の方法により歯面粗さを改善します。

・ホブ切り歯車では歯面をシェービング／研削仕上げを行う

・砥粒を使用するラッピング仕上げを行う

・本稼働させる前に低負荷で慣らし運転を行い、歯面をなじませる（当たりを出す）

(※：転位を行わない標準歯車では基準円、転位歯車ではかみ合いピッチ円になります。)

要因⑤ 歯車箱の剛性が低い

　歯車箱の壁面が太鼓のように共振して、騒音・振動を生じることがあります。また、歯車箱の角部から指向性のある音が放射されることがあります。

（対策）例えば次の方法があります。

・歯車箱を球形に近づけて角部をなくす

・歯車箱側面にリブの設置、側面を球形状として剛性を上げ共振を回避する

・歯車箱側面に吸音スポンジや防音防振ゴムを装着する

・歯車箱の軸受周辺の剛性を上げる

　運転中のミスアライメントを小さくでき、歯当たり改善につながることがあります。

　以上のほかにも、歯車が高速回転する場合にかみ合い騒音が生じたり、軸受の回転で騒音が生じたりする場合があります。くり返しになりますが、歯車単体での対策として、歯車諸元（パラメータ）を見直して、かみ合い率を向上する、はすば歯車を採用する方法があります。

1）歯元曲げ疲労折損

歯元折損（**図1-56**）には、歯のかみ合いによる歯元曲げ疲労折損、材料の引張強度を超えるような大きな荷重を受けて生じる衝撃破壊があります。

ここでは歯元曲げ疲労折損に焦点を当てて説明します。

歯元曲げ疲労折損とは、歯車のかみ合い時、歯元すみ肉部の引張応力が生じる側（**図1-57**）に材料の疲労限度以上の応力がくり返し生じた結果、歯が折損する現象です。

図1-56 歯元折損

2）歯元曲げ応力 σ_F の計算式

歯の疲労折損を防止するには、歯元曲げ応力の低減が効果的です。

歯元曲げ応力 σ_F は、次式で表されます。補正係数 Y、K、S が掛け合わされていますが、この計算式からわかる歯元曲げ応力の低減方法は、円周力（入力トルク）を下げる、歯幅を増やす、モジュールを大きくすることです。

$$\sigma_F = \frac{F}{b \cdot m} Y K_A K_V S_F$$

σ_F　：歯元曲げ応力（MPa,N/mm^2）
F　：円周力（N）
b　：歯幅（mm）
m　：モジュール（mm）
Y　：歯形係数＜歯の形状と曲げ応力を関係づける係数＞
K_A　：使用係数＜動力の衝撃に関する係数＞
K_V　：動荷重係数＜歯形誤差、周速度による動負荷に関する係数＞
S_F　：安全率

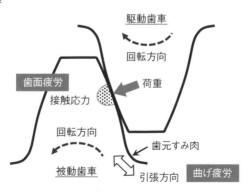

図1-57 歯元曲げ疲労と歯面疲労

3）損傷対策

　折損対策としては前ページの項目2）と重複するものがありますが、次の方法があります。

①材料強度を向上する

　材料、熱処理、表面処理を変更または追加することで材料強度を向上させます。詳しくは、1-3-4. 歯車の熱処理・表面処理で紹介します。

②モジュール・歯幅を大きくする

　歯を大きくして剛性を高めることで歯元すみ肉部に生じる歯元曲げ応力を低減します。

③圧力角を大きくすること、正転位を大きくすることで歯厚を大きくする

　歯元の歯厚を大きくすることで歯元曲げ応力を低減します。

④かみ合い率を大きくする

　平歯車であれば、かみ合い率を2以上にして1歯あたりの荷重を低減します。平歯車からはすば歯車へ変更してかみ合い率を2以上にすることで、1歯あたりの荷重を小さくして歯元曲げ応力を低減します。

⑤歯車精度を高くする

　基準円上での隣り合う歯とのピッチのずれをピッチ誤差といいます。ピッチ誤差を小さくするとかみ合い時に生じる動荷重を小さくできるため、歯元曲げ応力が低減します。

φ(@°▽°@)　メモメモ

歯車の規格

　歯車の規格には次のものがあります。

①国際規格
　・国際標準化機構 ISO（通称：アイエスオー）

②工業等に関する規格（国家規格）
　・日本産業規格 JIS（通称：ジス）
　・米国国家規格 ANSI（通称：アンシ）

③歯車に関する規格（団体規格）
　・日本歯車工業会規格 JGMA（通称：ジグマ）
　・米国歯車工業会規格 AGMA（通称：アグマ）

　歯の折損、歯面の損傷といった歯車の損傷についての用語や詳しい解説は、『JIS B 0160 歯車－歯面の摩耗及び損傷－用語』に定義されています。

1-3-3 歯面の損傷

1）歯面の損傷

　歯面損傷とは、歯車のかみ合いで歯面が摩耗したり、歯面に接触応力がくり返し生じて歯面に穴が生じたりする現象です（**図1-58**）。

図1-58 歯面損傷

2）歯面の接触応力 σ_H の計算式

　歯面の摩耗、歯面に穴が生じる歯面損傷の防止には、接触応力の低減が効果的です。

　外歯車の接触応力 σ_H は、次式で表されます。補正係数 Z、K、S が掛け合わされていますが、この計算式からわかる接触応力の低減方法は、円周力（入力トルク）を下げる、モジュールを大きくする、歯数を増やす、歯幅を増やすことです。ただし、いずれもルート倍の割合でしか、接触応力の低減効果がありません。

$$\sigma_H = \sqrt{\frac{F}{d_1 b} \cdot \frac{u+1}{u}} \; Z_H Z_E \sqrt{K_A} \sqrt{K_V} S_H$$

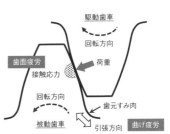

σ_H　：接触応力（MPa,N/mm^2）
F　　：円周力（N）
d_1　：小歯車の基準円直径m・z_1（mm）
b　　：歯幅（mm）
u　　：歯数比Z_2/Z_1,但し,$Z_1 \leqq Z_2$
Z_H　：領域係数＜歯面の曲率と荷重方向に関する係数＞
Z_E　：材料定数係数（ MPa ）＜ヤング率、ポアソン比を考慮した係数＞
K_A　：使用係数＜動力の衝撃に関する係数＞
K_V　：動荷重係数＜歯形誤差、周速度による動負荷に関する係数＞
S_H　：安全率

3）損傷対策

損傷対策としては前ページの項目2）と重複するものがありますが、次の方法があります。

①材料強度を向上する

歯元曲げ疲労損傷の対策と同じように、材料、熱処理、表面処理を変更または追加して材料強度を向上させます。

②歯幅を大きくする

かみ合い面積を増やして接触応力を低減します。

③圧力角を大きくする

圧力角を大きくすると歯面の曲率半径が大きくなり、かみ合い面積が増えるため接触応力が低減します。

④潤滑油の動粘度を確保する

運転中、潤滑油温度が上昇すると潤滑油の動粘度が低下し、油膜厚さが薄くなって歯面が損傷することがありますので、工場扇やオイルクーラを利用して潤滑油を冷却します。

4）代表的な歯面損傷

主な歯面損傷としては、次のものがあります。

①歯面疲労

・ピッチング（ピット pit；穴の意）

ピッチングとは、歯面に小さな穴が生じる現象です（**図1-59**）。歯の表面、またはごく浅い内部が損傷の起点でかみ合いのくり返し荷重による疲労破壊です。歯の表面でき裂が発生し、き裂は歯の内部に向かってやや浅い角度（30°程度）で進展してはく離します。そして、はく離がくり返され、円形の穴、または図のような扇形の穴になります。その他、フロスティングがあります（**図1-60**）。図は数十〜百μmの微小な穴（マイクロピッチングといいます）が、基準円より歯元側に広がって、曇ったような梨地状になります。これをフロスティングと呼んでおり、マイクロピッチングが集合したものです。

図1-59 ピッチング

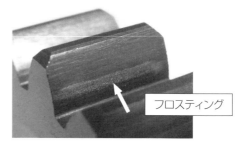

図1-60 フロスティング（マイクロピッチング）

・スポーリング（スポール spall；かけらの意）

　スポーリングとは、歯面から大きなはく離が生じる現象です（**図1-61**）。歯のやや内部が損傷の起点で、かみ合いのくり返し荷重による疲労破壊です。歯のやや内部に生じるせん断応力によって、き裂が発生し、き裂が歯の表面とおおむね平行に進展した後、図の点線枠内のように、表層部がはく離します。

図1-61 スポーリング

②**熱的損傷**

・**スカッフィング（別称：スコーリング）**

　スカッフィングとは、かみ合い時、局部的に過度な熱発生で油膜が切れて、歯面同士が接触し、接触部分が凝着してはがされて生じる損傷をいいます（**図1-62**）。

　図のスカッフィングは軽度のものですが、このスカッフィングは歯面の歯先側だけではなく、歯元側、歯面全体に瞬時に発生することがあります。

図1-62 歯先のスカッフィング

　歯の折損、歯面の損傷対策を行うための材料強度を向上できる熱処理と表面処理について説明します。

１）熱処理
①高周波焼入焼戻し
・ブランク（調質材）→歯切り→高周波焼入れ→焼戻し

　高周波焼入焼戻しは、略して高周波焼入れと呼ばれることが多い熱処理です。S45C、SCM435といった含有炭素量が0.25％を超える鋼に処理して強度向上を行います。

　高周波焼入れは、誘導コイルや誘導素子を使用して550〜650℃まで加熱する部分だけ、歯車では歯の部分だけを硬化できます（**図1-63**、**図1-64**）。局部的に短時間で熱処理できることから、低コスト、省エネルギーであり、環境にやさしい熱処理です。しかし、鋼材に含まれている炭素量以上の硬さを得ることはできません。

　高周波焼入焼戻しを行う目的は、歯を硬化させて、歯面の耐摩耗性、歯面強度を向上することにあります。例えば、SCM435H調質材では、高周波焼入焼戻しを行って、歯全体を硬化（図1-63）することで、歯面強度は約1.5倍向上します。しかし、加熱によって熱処理ひずみが生じるため、ピッチ誤差などの歯車精度が1等級程度悪化してしまいます。

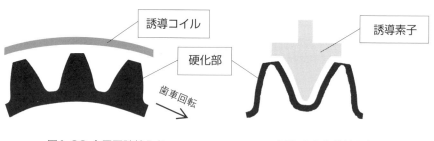

図1-63 全周同時焼入れ　　　　　図1-64 歯溝焼入れ

φ(@°▽°@)　メモメモ

歯元曲げ疲労限度と許容接触応力（許容面圧）

　材料別に、高周波焼入焼戻しで得られる硬さ、浸炭焼入焼戻しで得られる有効硬化層深さ・表面硬さ・心部硬さごとの歯元曲げ疲労限度、許容接触応力については、『日本歯車工業会（JGMA）規格』や『新歯車便覧1991（日本歯車工業会編）』をご覧ください。

②浸炭焼入焼戻し

・ブランク→歯切り→浸炭焼入れ→焼戻し

　浸炭焼入焼戻しは、略して浸炭、浸炭焼入れと呼ばれることが多い熱処理です。S20C、SCM415といった含有炭素量が0.25％未満の鋼に処理して、強度向上を行います。

　一般的に、浸炭焼入れ後は、焼戻しを行います。熱処理炉内にワーク（歯車）を設置して900〜950℃程度の高温に熱したまま、浸炭ガスの分解で得られる炭素（C）を鋼表層部に浸透・拡散させて高濃度にします（これを浸炭といいます）（**図1-65**）。そして、水や油に浸漬して急冷（ここまでを焼入れといいます）、再度150〜200℃程度へ加熱します（これを焼戻しといいます）。

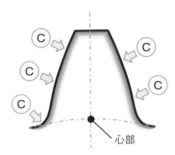

図1-65 浸炭のイメージ

　浸炭焼入焼戻しによって、歯の表層部は高い硬さ、心部はワーク（歯車）鋼材に含まれる炭素量によって決まる硬さ（表層部に比べると硬さは低い）を得ることができます。硬いほうが材料強度は向上するものの硬いものは脆い（もろい）ため焼戻しを行います。浸炭硬化した歯の表層部に比べると心部の硬さは高くないため、歯全体としては靭性（じんせい）、つまり、粘り強さを得られ耐衝撃性をもたせることができます。

　浸炭には、プロパンガス、ブタンガス、天然ガスなどを使用するガス浸炭が多く採用されています。

　浸炭焼入焼戻しを行う目的は表層部だけを硬化させることで、耐摩耗性、歯元曲げ強度、歯面強度を向上することにあります。浸炭により表層部の炭素量を高めて、表面硬さを高められるため、高周波焼入焼戻しに比べて歯元曲げ強度と歯面強度を向上できます。

　例えば、SCM415H材では、浸炭焼入焼戻しを行って有効硬化層深さ0.15モジュール〜0.2モジュール(mm)を狙うと全硬化層深さは1〜1.5mm程度、表面硬さは55〜64HRC、心部硬さは30〜35HRC程度を得ることができます。しかし、高周波焼入焼戻しに比べて熱処理温度が高く、熱処理ひずみが大きいため歯車精度が1〜2等級程度悪化します。

φ(@°▽°@)　メモメモ

有効硬化層深さと全硬化層深さ

　図1-66は、浸炭焼入焼戻しを行った歯車について、歯の表面（深さ0mm）から深さ方向へ硬さを測定して、硬さの分布をグラフ化した例です。

　有効硬化層深さとは、浸炭焼入焼戻し後、表面からビッカース硬さ550HVまで硬化している深さをいいます。図では、有効硬化層深さは0.70mm（550HV）になります。

　全硬化層深さとは、生地硬さと同じ硬さになる深さをいいます。生地は、母材と呼ばれたり、饅頭に例えられ「あんこ」と呼ばれたりします。

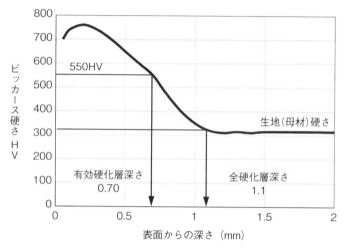

図1-66 表面から内部へ測定したビッカース硬さ分布

2）表面処理

◆ショットピーニング

　ショットピーニングとは、直径数十μm～数mmの金属または非金属製のショットと呼ばれる硬質の球状粒子を圧縮エアや羽根車による遠心力を利用して高速で歯車に投射する冷間加工法です（**図1-67左**）。ショットピーニングによってワーク表層部を加工硬化でき、かつ圧縮残留応力を付与できるため、材料の疲労限度を向上させることができます。

　ショットで歯面表層部を硬化させることで、き裂の発生を抑えることができます。ショットが衝突した表層部は伸ばされて塑性変形し、直下では伸ばされまいとする力が発生してショットピーニング後でも残ります。これが、圧縮残留応力です（**図1-67右**）。そして、圧縮残留応力により、き裂の口開きを抑え、き裂の進展を抑制することができます。

加工硬化と圧縮残留応力の複合効果によって、歯車では歯元曲げ疲労限度の向上と歯面強度の向上につながります。

他にも、数十μmのショットと圧縮エアを利用して高速で歯車に投射する微粒子ショットピーニングという処理もあります。歯車強度の向上に加えて、歯の表面にディンプル（ゴルフボールの表面のような凹凸）を形成させることができます。ディンプルは、油だまりの機能を果たし、歯車かみ合い時の耐焼付き性向上や潤滑性向上につながります。

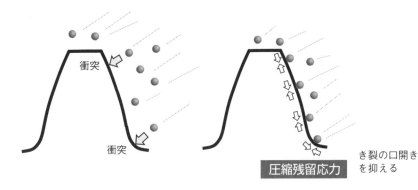

図1-67 ショットピーニングのイメージと圧縮残留応力

歯面にショットが当たると表層部が引き伸ばされて、塑性変形するねん。
その直下では広がるまいとする圧縮側の力が残るんや。
これが圧縮残留応力やで。

φ(@°▽°@)　メモメモ

ショットブラストとは（ショットピーニングとの違い）

　熱処理後に行う処理としてショットブラストがあります。ショットブラストとは、直径約1mm～数mmの金属または非金属製のショットと呼ばれる球状粒子をインペラ（羽根車）による遠心力や圧縮エアを利用して歯車に投射する冷間加工法をいいます。

　主に熱処理後に生じるスケール（酸化皮膜）の除去、機械加工後に歯先の角部や歯幅の端部に生じるバリを除去（バリ取り）するために実施されます。ショットピーニングに比べてショットが軟質で投射強度の低い処理になります。ショットブラストを行うかどうかは、歯車に熱処理を行うか否かといった製造条件によって異なります。

第2章

仕込む場所と荷重特性で
使い分ける
「コイルばね」

コイルばねの種類や特徴

コイルばね（JIS B 2704-01,JIS B 2704-02）

　コイルばねは、金属ばねの一種に分類されるばねの種類のひとつです。円筒の形状をしており「圧縮コイルばね」「引張コイルばね」「ねじりコイルばね」の3種類に分類されます。いずれも弾性を利用した機械要素部品です。

　関連する規定は下記を参照してください。

　・ばね（JIS B 0004）
　・ばね用語（JIS B 0103）

2-1-1　種類と特徴、実製品での使われ方

1）実製品でのコイルばねの使われ方

　コイルばねがどのような使われ方をしているのか、いくつかの例を紹介します。この他にも、コイルばねは様々な製品に使われています（**図2-1**）。

2輪車のサスペンション（圧縮コイルばね）

加工機のテンション機構（引張コイルばね）

プリンタのリンク機構（ねじりコイルばね）

図2-1 実製品でのコイルばねの使用例

2) ばねの特徴

① 弾性

　力を加えて変形させたものを、その力を解放した時に元に戻る性質を『弾性』といいます。スポンジの変形をイメージするとわかると思います（**図2-2**）。

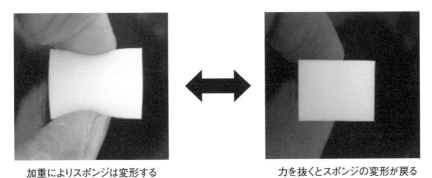

加重によりスポンジは変形する　　　　　　力を抜くとスポンジの変形が戻る

図2-2 スポンジの弾性

② 弾性変形と塑性変形

　ばねの機能は、繰り返し力を加えて変形させても必ず元に戻ることが前提です。当然、その前提が満たされないとばねとして使用することはできません。しかし、ばねを変形させても元に戻るという保証はありません。

　弾性による変形には、次のものがあります（**図2-3**）。

「弾性変形」…力を加えて変形させて力を解放したときに形状が元に戻る

「塑性変形」…力を加えて変形させて力を解放したときに形状に変形が残る

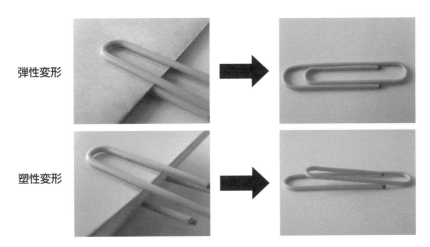

弾性変形

塑性変形

図2-3 クリップで見る弾性変形と塑性変形の違い

φ(@°▽°@)　メモメモ

金属のばねの変形は、なぜ元に戻るの？

　弾性変形と塑性変形の違いを学術的に説明できるものに「応力-ひずみ線図」があります。材料力学の書籍で一般的に見ることのできる「応力-ひずみ線図」は、軟鋼の丸棒で作った試験片を引張試験した際の応力とひずみの関係を表しており、材料ごとに特性が異なります。

　下図に、軟鋼の試験片と軟鋼の応力-ひずみ線図を示します。

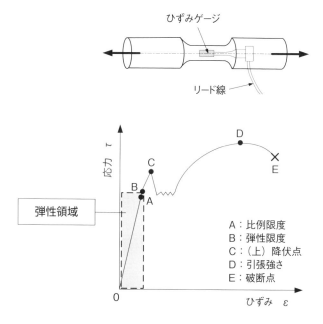

- ・O-A間・・・丸棒に荷重を与えて引張ると応力とひずみの関係が直線的に変化する比例領域があり、比例関係を保つ限界がA点となります。A点までの荷重であれば、除荷すると元の形状に戻ります。
- ・A-B間・・・O-A間の傾きから少しずれ始めますが、除荷すると元に戻る領域であり、このB点を弾性限度といいます。A点とB点は限りなく近く、一般的に区別がつかないといわれています。
- ・C点　・・・この点を降伏点といい、荷重を加えても応力は増加せず、ひずみだけが増加する点です。

　OからB点までを弾性領域、B点を越える部分を塑性領域といいます。

　ばねの設計は、ひずみが弾性領域内に収まるようにしつつ、できるだけO点に近づけることで強度と寿命（耐久性）を保証します。

3) コイルばねの分類

　コイルばねは金属ばねの一種に分類され、形状ごとに「圧縮コイルばね」「引張コイルばね」「ねじりコイルばね」があります。

　金属ばねは、製造方法から『熱間成形ばね』と『冷間成形ばね』に分類されます。熱間成形ばねは比較的線径が太く、冷間成形ばねに比べて大きな荷重を必要とする箇所で使用されます。冷間成形ばねは比較的線径が細く、OA機器のリンク機構や弱電家電のラッチなど、主にコンパクトな機構で使用されます（図2-4）。

コイルばね

圧縮
コイルばね
・圧縮方向の力を受け止める
・圧縮させて力を与える
・圧縮方向の衝撃、振動の緩和

引張
コイルばね
・引張方向の力を受け止める
・引張って力を与える
・引張方向の衝撃、振動の緩和

ねじり
コイルばね
・コイル回転方向の力を受け止める
・コイルをねじって力を与える
・ねじり方向の衝撃、振動の緩和

図2-4 コイルばねの分類

φ(@°▽°@)　メモメモ

熱間圧延鋼材と冷間圧延鋼材の標準寸法（径）

・熱間圧延鋼材（JIS G 4801）

ばね鋼鋼材(SUP)　単位:mm
9、10、11、12、(13)、14、(15)、16、(17)、18、(19)、20、(21)、22、(24)、25、(26)、28、(30)、32、(34)、36、(38)、40、(42)、44、45、46、(48)、50、(53)、55、56、(60)、63、(65)、70、(75)、80

・冷間圧延鋼材（JIS G 3521、JIS G 3522、JIS G 4314）

ばね用鋼線 (硬鋼線、ピアノ線、ステンレス線)　単位:mm
0.08、0.09、0.10、0.12、0.14、0.16、0.18、0.20、0.23、0.26、0.29、0.32、0.35、0.40、0.45、0.50、0.55、0.60、0.65、0.70、0.80、0.90、1.0、1.2、1.4、1.6、1.8、2.0、2.3、2.6、2.9、3.2、3.5、4.0、4.5、5.0、5.5、6.0、6.5、7.0

1) 熱間成形ばね材と冷間成形ばね材

① 熱間成形ばね材の種類と特徴

　熱間成形ばねは主にSUPから始まるばね鋼を指します（**表2-1**）。

表2-1 熱間成形ばね材料の種類と特徴

材料名	材質記号	引張強さ	特徴
シリコンマンガン鋼	SUP6	1226 (N/mm^2)	炭素鋼に比べて焼入れ性が良く、靭性が高く過酷な使用条件に耐えます。
	SUP7		
マンガンクロム鋼	SUP9		
	SUP9A		
クロムバナジウム鋼	SUP10		SUP6～9と比べてさらに靭性が高く、高応答、耐疲労性に優れます。
マンガンクロムボロン鋼	SUP11A		焼入れ性向上のため、SUP9Aにボロン処理をしたものです。
シリコンクロム鋼	SUP12		高応力、耐へたり性に優れ、車体の軽量化などで使用されます。
クロムモリブデン鋼	SUP13		焼入れ性がSUP11Aより優れ、超大型の建設機械などに使用されます。

② 熱間成形ばねの加工工程

　熱間成形ばねは、次のような工程で加工されます（**図2-5**）。

ⅰ）直線状の線材を熱して、必要な長さに切断します。

ⅱ）熱した線材を芯金に巻き付けます。

ⅲ）端面処理が必要であれば、冷やした後、研削加工します。

ⅳ）加熱炉で材料を高温に熱した後、油の中に入れて焼入れ処理をします。

ⅴ）焼戻し処理をして冷却と洗浄をします。

図2-5 熱間成形ばねの加工工程

③ 冷間成形ばね材の種類と特徴

冷間成形ばねは硬鋼線、ピアノ線、ステンレス鋼線などがあります（**表2-2**）。

表2-2 冷間成形ばね材料の種類と特徴

材料名	材質記号	特徴
硬鋼線	SW-B	表面状態に関する規定はなく、主に静荷重を受ける機構に使用されます。近年ではピアノ線のほうが入手性などからよく使用されます。
	SW-C	
ピアノ線	SWP-A	腐食試験による傷の確認や、焼入れで炭素が失われ、強度に影響を与える脱炭状態など表面状態を保証するため、硬鋼線より耐疲労性に優れます。
	SWP-B	
オイルテンパー線	SWO-V	耐疲労性、耐へたり性に優れ、太い線径でも高い強度を持ちます。末尾が-Vで表される種類は、弁ばね用と区別されており自動車エンジンのバルブスプリングとして使用されます。
	SWOC-V	
	SWOSC-V	
	SWOSM	
	SWOSC-B	
ステンレス鋼線	SUS304-WPA	耐食性が良く、防せい油の塗布やめっきが不要です。海水が掛かるような場合、非磁性が必要な場合はSUS316を選定します。
	SUS304-WPB	
	SUS316-WPA	
黄銅線	C2600W-H	導電性や非磁性、耐食性が要求される場合に使用されます。りん青銅線が一般的に使用されています。
洋白線	C7541W-H	
りん青銅線	C5191W-H	
ベリリウム銅線	C1720W-H	

④ 冷間成形ばねの加工工程

熱間成形ばねは次のような工程で加工されます（**図2-6**）。

ⅰ）直線状の線材を芯金に巻き付けます。成形後、線材を切断します。

　　※芯金に巻き付ける製造方法は少量生産の場合です。大量生産の場合にはコイリングマシンを使用して、芯金を使用せずに材料を押出し供給しながら円筒状に加工します。

ⅱ）端面処理の必要があれば、研削加工します。

ⅲ）焼なまし処理をして冷却します。

図2-6 冷間成形ばねの加工工程

1) 圧縮コイルばね

① 圧縮コイルばねの概要

　線材をらせん状にすき間をあけて巻いたコイルを、圧縮する方向に力を作用させて使用するものを圧縮コイルばねといいます（図2-7）。

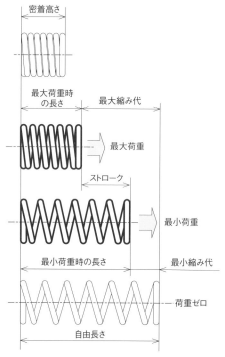

・コンパクトな設計が可能
・主に直動機構
・製作費が安価
・異常時に密着してもストッパーになる
・自由長さ、密着長さでは使わない

密着高さ

最大荷重時の長さ　　最大縮み代

最大荷重

ストローク

最小荷重

最小荷重時の長さ　　最小縮み代

荷重ゼロ

自由長さ

図2-7 圧縮コイルばねの概要

② 圧縮コイルばねの使用例

　圧縮コイルばねをリンク機構に使用する場合には、直線スライド機構に使用することが一般的です（図2-8）。

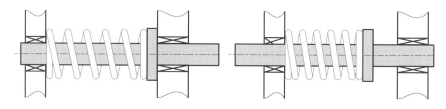

図2-8 圧縮コイルばねの一般的な使用例

2) 引張コイルばね

① 引張コイルばねの概要

　線材をらせん状に密着して巻いたコイルを、引張方向に力を作用させて使用するものを引張コイルばねといいます（図2-9）。

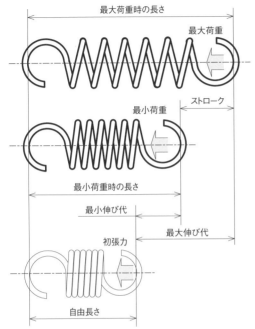

・両端にフックをもつ
・フックの形状は複数ある
・フックのない引張コイルばねもある
・直動機構でも回転機構でも使用できる
・冷間成形では初張力が発生
・不具合はフックで起こりやすい
・自由長さでは使わない

図2-9 引張コイルばねの概要

② 引張コイルばねの使用例

　引張コイルばねをリンク機構に使用する場合には、直線スライド機構にも回転リンク機構にも使用することができます。フックを利用して部品と簡単に接合できる点が特徴です（図2-10）。

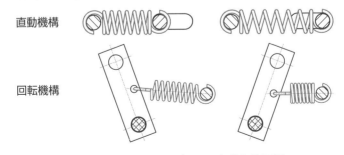

直動機構

回転機構

図2-10 引張コイルばねの一般的な使用例

3) ねじりコイルばね

① ねじりコイルばねの概要

線材をらせん状に密着、またはすき間をあけて巻いたコイルを、ばねの中心に対して回転方向の力を作用させて使用するものをねじりコイルばねといいます（図2-11）。

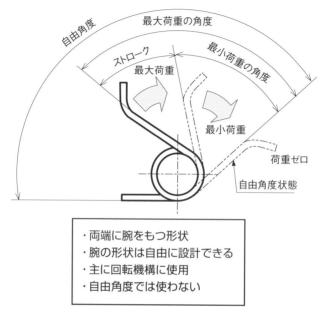

・両端に腕をもつ形状
・腕の形状は自由に設計できる
・主に回転機構に使用
・自由角度では使わない

図2-11 ねじりコイルばねの概要

② ねじりコイルばねの使用例

リンク機構周辺のスペースに余裕がない場合、コイル部をリンクの回転支点に挿入し、ばねの腕を部品に引っ掛けて取り付ける構造になります（図2-12）。

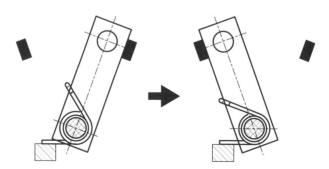

図2-12 ねじりコイルばねの一般的な使用例

1) コイルばねの要目表に記載されている代表的なパラメータ

① コイルばねのパラメータ

表2-3にコイルばねの代表的なパラメータを示します。これらのパラメータは既製品のコイルばねを使用する場合にも確認することになります。

表2-3 コイルばねのパラメータ（JIS B 0103）

パラメータ名	内容
材料の直径d	ばね定数の計算式に用いる。ばね材料の直径。
コイルの平均径D	ばね定数の計算式に用いる。コイル内径と外径との平均径。
有効巻数n	ばね定数の計算に用いる。コイルの端部を除く巻数を指す。
自由長さL_0	無荷重時のコイルばねの長さ。ねじりコイルばねの場合は自由角度と呼ぶ。
ばね定数R	コイルばねに単位変形量（たわみまたはたわみ角）を与えるのに必要な力またはモーメント。 一般には、静的荷重に対する静ばね定数のことをいう。
最小荷重時の長さL_1	最小荷重時の指定ばね力における指定ばね長さ。
最小荷重F_1	最小荷重時の指定ばね長さにおける指定ばね力。
最大荷重時の長さL_2	最大荷重時の指定ばね力における指定ばね長さ。
最大荷重F_2	最大荷重時の指定ばね長さにおける指定ばね力。

② 指定時荷重の求め方

例えば、既製品である圧縮コイルばねを自由長さ77mmから指定長さ70mmまでたわませて使用する場合の指定荷重は次のように求めることができます（表2-4）。

表2-4 既製品の圧縮コイルばねのパラメータ

カタログ仕様		カタログ仕様		設計の要求仕様	
材料	SWOSC-V	総巻数	11.5	ばね定数	15N/mm
材料の直径	4mm	座巻数	各1	自由長さ	77mm
コイル平均径	26mm	有効巻き数	9.5	指定長さ	70mm
コイル外径	30mm	巻方向	右	たわみ量	7mm

指定荷重＝「ばね定数15（N/mm）×たわみ量7（mm）」＝105（N）

1) コイルばね図面の表示方法

① コイルばね図面の表し方の基本

　コイルばねは他の機械要素部品と違い、荷重を受けたときの長さ（または角度）とそのときに発生する力を指定して設計するため、コイルばねの形状だけを目指して設計するわけではありません。

　ばねの図面の特徴は次の通りです。
・形状を表す投影図に加えて要目表（ようもくひょう）を併記します。
・圧縮コイルばねや引張りコイルばねは、らせん形状が同形状の連続になる場合に簡略した投影図で示すことができます。
・ねじりコイルばねは、実際の形状で投影図を示します。
・コイルばねの投影図は、自由長さの状態の図を示します。

　投影図や寸法だけでは表現しにくいコイルばねのパラメータを示します(**表2-5**)。

表2-5 要目表に記載する内容(JIS B 0004)

区分	項目	具体例
材料	名称、材質 寸法 その他	材料記号、硬さ 線径 表面加工など
寸法形状	寸法 形状 その他	コイル径(平均径、外径、内径)、自由長さ 密着長さ、巻数(総巻数、座巻数、有効巻数) 巻方向、ピッチ、コイル端部の形状 コイル外側面の傾きなど
指定条件	ばね定数 (複数あってもよい)	指定荷重を加えたときの寸法 指定寸法に変更したときの荷重 指定条件での応力
その他	ばね成形後の処理 ばねの仕様環境など	表面処理、セッチング、防せい処理 使用温度、荷重の種類(繰り返し)など

専門用語がたくさんあるんですね！

それぞれ特性と強度、寿命を保証するための重要なパラメータだよ！

② 圧縮コイルばねの図面例

ⅰ）図面の表示方法

圧縮コイルばねの各部の名称
を知りましょう（**図2-13**）。

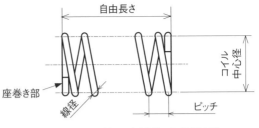

図2-13 圧縮コイルばねの各部名称

＜投影図＞正面図は中心線を水平に向けて配置します（**図2-14**）。

＜要目表＞密着長さを参考寸法として記入します。

要目表にコイル端部の形状を明示します。

錆びる可能性のある鋼線は、防せい油塗布の指示を記入します。

（めっき処理の過程の酸洗いで水素脆性が生じるため、めっきは避ける。）

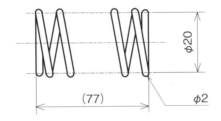

要目表					
材料	SWP-A	指定	荷重時の長さ(mm)	50	
材料の直径(mm)	2.0		荷重(N)	50.5	
コイル平均径(mm)	20	最大	荷重時の長さ(mm)	35	
コイル外径(mm)	22		荷重(N)	78.5	
座巻数	各1	密着長さ(mm)		(25)	
有効巻数	10.5	コイル端部の形状		クローズドエンド（研削）	
巻方向	右				
自由長さ(mm)	(77)	防せい処理		防せい油塗布	
ばね定数(N/mm)	1.87	熱処理		焼なまし	

図2-14 圧縮コイルばねの図面の例

ⅱ) 圧縮コイルばねの投影図の考え方

　圧縮コイルばねは、中心軸を横から見た方向（全長が見える方向）を正面図とし、軸線を水平に配置します。ばねのコイル部全てを描くこともできます。らせん形状が連続する同形状の場合、コイル部を簡略して図示することもできます（**図2-15**）。

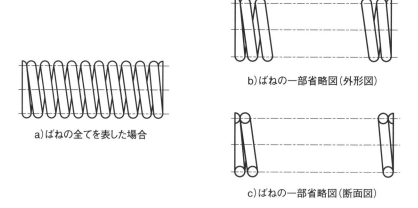

b)ばねの一部省略図（外形図）

a)ばねの全てを表した場合

c)ばねの一部省略図（断面図）

図2-15 圧縮コイルばねの投影図の例

引張コイルばねの
コイル部も同様に
省略できるんですよ！

③ 引張コイルばねの図面例

ⅰ）図面の表示方法

　引張コイルばねの各部の名称を知りましょう（**図2-16**）。

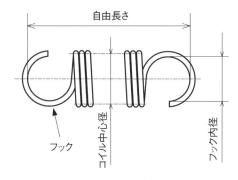

図2-16 引張コイルばねの各部名称

＜投影図＞正面図は中心線を水平に向けて配置します（**図2-17**）。
＜要目表＞初張力を忘れずに記入します。
　　　　　フックの形状を明示します。

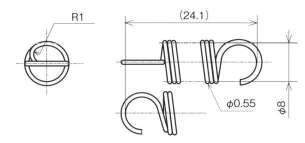

要目表				
材料	SUS304-WPB	指定	荷重時の長さ(mm)	29.1
材料の直径(mm)	0.55		荷重(N)	0.8
コイル平均径(mm)	8.0	最大	荷重時の長さ(mm)	41.1
コイル外径(mm)	8.55		荷重(N)	1.96
総巻数	15.75	フック形状		逆丸フック
巻方向	右	防せい処理		
自由長さ(mm)	(24.1)	熱処理		焼なまし
ばね定数(N/mm)	0.54			
初張力(N)	(0.31)			

※ステンレス鋼のため防せい油塗布はしません。

図2-17 引張コイルばねの図面の例

④ ねじりコイルばねの図面例

ⅰ）図面の表示方法

ねじりコイルばねの各部の名称を知りましょう（**図2-18**）。

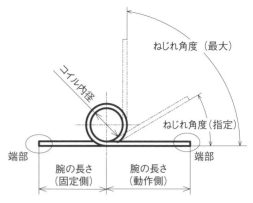

図2-18 ねじりコイルばねの各部名称

＜投影図＞正面図は丸く見える向きとし、腕の形状を明示します（**図2-19**）。
＜要目表＞巻方向を間違えないように指示します。
　　　　　案内棒の直径を記入します。（ねじりコイルばねは、巻き込むと内径が小さくなるため、設計確認のためにも記載が必要です。）

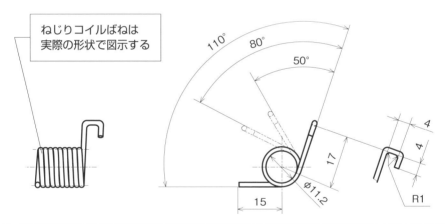

要目表					
材料	SWPA	指定	ねじれ角(°)		50
材料の直径(mm)	0.8		ねじれ角時のトルク(N·mm)		10.1
コイル平均径(mm)	12	最大	ねじれ角(°)		80
コイル内径(mm)	11.2		ねじれ角時のトルク(N·mm)		16.2
総巻数	9.2	案内棒の直径(mm)			9.8
巻方向	右	表面処理			防せい油塗布
自由角度(°)	110	熱処理			焼なまし

図2-19 ねじりコイルばねの図面の例

第2章	2	# カタログ選定時でも役立つコイルばねの設計パラメータの意味

2-2-1 実際に設計する際の手順例

1) コイルばねの設計手順の例

コイルばねを設計するときには、まずは機能を保証する指定荷重を決めて、次に動作上の最大荷重を決めてから計算をしていくのが一般的です。あるいは、逆のパターンもあります。また、荷重のほかコイル径やコイルばねの長さなど譲れないパラメータがあれば、その値を既定値としてばね定数を満たすように他のパラメータを調整しながら計算していきます。そのほか、明確でないパラメータがある場合には、仮の値として計算をし、試行錯誤しながら要求仕様に近づけていくことになります。

実際にコイルばねを設計するときの手順例を示します (図2-20)。

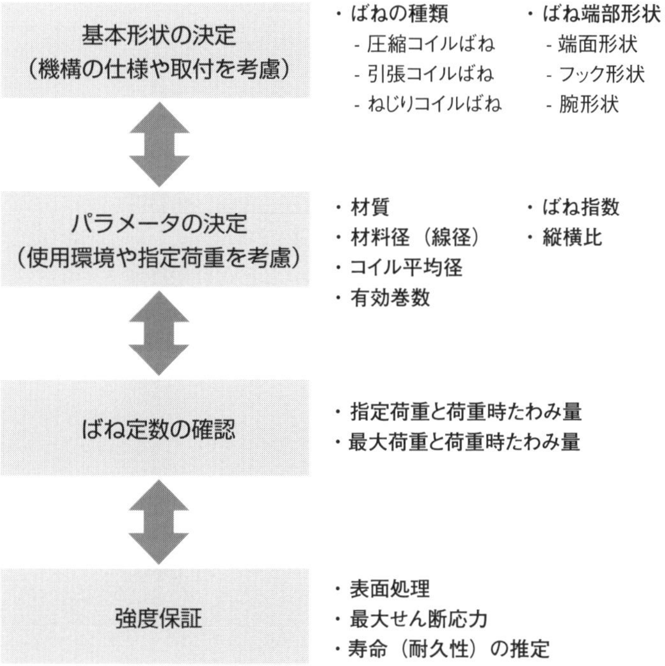

基本形状の決定 (機構の仕様や取付を考慮)	・ばねの種類 　- 圧縮コイルばね 　- 引張コイルばね 　- ねじりコイルばね	・ばね端部形状 　- 端面形状 　- フック形状 　- 腕形状

パラメータの決定 (使用環境や指定荷重を考慮)	・材質 ・材料径 (線径) ・コイル平均径 ・有効巻数	・ばね指数 ・縦横比

ばね定数の確認	・指定荷重と荷重時たわみ量 ・最大荷重と荷重時たわみ量

強度保証	・表面処理 ・最大せん断応力 ・寿命 (耐久性) の推定

図2-20 コイルばねの設計手順の例

2-2-2　コイルばねの設計パラメータと計算式

1) コイルばねの形状決定

① コイルばねの仕様の洗い出し

どの種類のコイルばねを使用するかを決めます。機構の動きや周辺スペースなどから種類を決定し、必要なストロークや荷重からばねの仕様を決めていきます（**図2-20**）。

〈コイルばねの仕様の洗い出し〉

・設計する機構は?	→	直動機構?　回転機構?　動的?　静的?
・機構に必要なストローク量は?	→	指定時何mm?　最大時何mm?
・必要な荷重は?	→	指定荷重何N?　最大荷重何N?
・使用環境は?	→	屋外?　屋内?　高温?　低温?

図2-20 コイルばねの仕様の洗い出し

② コイルばねの形状決定

コイルばねの種類の特徴をまとめました(**表2-6**)。

コイルばねの種類の選定に迷ったときに参考にしてください。

表2-6 コイルばねの形状ごとの特徴

項目	圧縮コイルばね	引張コイルばね	ねじりコイルばね
荷重の安定性	◎ コイル部のみのため	○ 初張力の影響あり	△ コイル部の擦れ 腕のたわみ
破損に対する安全性	◎ オーバーストロークしても密着長で止まる	△ フックでの 破損リスクあり	△ 腕の破損リスクあり
占有スペース （静止時&動作時）	○ 同軸上に配置可能	△ フックやコイルの スペースが必要	○ 支点に配置可能
加工コスト	◎ コイルのみで低コスト （端部の研削を除く）	○ フック分コスト高	○～△ 複雑な腕の加工は コスト高

2) 圧縮コイルばねの設計計算

① 圧縮コイルばねの端部形状を決定する。

　圧縮コイルばねの端部形状はクローズドエンドが一般的です。研削することで端部を平面に押し当てた時の傾きを抑え相手部品との直角度を保証できます。端部の加工はコストがかかるためコストを抑えたい場合にはオープンエンドやそれぞれの無研削を選択します（表2-7）。

表2-7 代表的な圧縮コイルばねの端部形状

クローズドエンド		オープンエンド
無研削	研削	無研削

② 圧縮コイルばねの計算式

ⅰ）ばね定数の計算式

　線径やコイル平均径など他のパラメータの値が明確ではない場合、仮の値を設定して計算を進め、要求するばね定数を確定させていきます（表2-8）。

表2-8 ばね定数の計算式に使うパラメータ

記号	内容	記号	内容
R	ばね定数(N/mm)	D	コイル平均径(mm)
G	横弾性係数(N/mm^2)	s	たわみ量(mm)
d	線径(mm)	F	荷重(N)
n	有効巻数(巻)		

　圧縮コイルばねのばね定数は、荷重とたわみ量から決めていきます。この時の重要なパラメータがばね定数で、次式で表されます。

$$R = \frac{F}{s} = \frac{Gd^4}{8nD^3}$$

　荷重の大きな圧縮コイルばねと荷重の小さな圧縮コイルばねを設計するとき、**表2-9**のような関係が成り立ちます。

表2-9 荷重によるパラメータの調整

荷重の大きな圧縮コイルばね	荷重の小さな圧縮コイルばね
ばね定数を大きくする	ばね定数を小さくする
・線径を太くする	・線径を細くする
・有効巻き数を少なくする	・有効巻数を多くする
・コイル平均径を小さくする	・コイル平均径を大きくする

ii) 有効巻数の計算式

　コイルばねの有効巻数が3巻未満だとばね定数が不安定になります。そこで設定した荷重に対して実際の荷重との差異を小さくするために、有効巻数は3巻以上になるようにします (表2-10) 。

表2-10 有効巻数の計算パラメータ

記号	内容	記号	内容
n	有効巻数(巻)	X_1	コイル端の座巻数
n_t	総巻数(巻)	X_2	もう一方のコイル端の座巻数

　有効巻数は次式で表されます。

$$n = n_t - (X_1 + X_2)$$

・クローズドエンドの場合、$X_1 = X_2 = 1$とする

$$n = n_t - 2$$

　オープンエンドの場合、$X_1 = X_2 = 0.75$とする

$$n = n_t - 1.5$$

iii) ばね指数と応力修正係数の計算式

　ばね指数は、コイルばね加工の難易度を測る目安となる係数です。ばね指数と応力修正係数の計算パラメータを示します(表2-11)。

　ばね指数が小さいとばね定数が大きくなり、局部応力が発生して加工が難しくなります。逆にばね指数が大きい場合はコイル径の精度が悪化します。設計する際にはコイルばねの品質の安定性を考慮して4～15の範囲になるようにします。ばね指数を用いて計算する応力修正係数は、動的に使用するコイルばねの強度計算に使用する係数です。

表2-11 ばね指数と応力修正係数の計算パラメータ

記号	内容	記号	内容
c	ばね指数 $c=D/d$	κ	応力修正係数
d	線径(mm)	D	コイル平均径(mm)

・ばね指数の計算式

$$c = \frac{D}{d}$$

・応力修正係数の計算式（動的使用のばねに使用する）

$$\kappa = \frac{4c-1}{4c-4} + \frac{0.615}{c}$$

iv) 密着長さの計算式

圧縮コイルばねの隣り合うコイルが密着した状態を指す密着長さは、圧縮コイルばねの総巻数とコイル両端部の厚み、もしくは材料直径の許容差の最大値から計算して求めることができます。密着長さの計算パラメータを示します(**表2-12**)。

表2-12 密着長さの計算パラメータ

記号	内容	記号	内容
L_c	密着長さ(mm)	d	線径(mm)
n_t	総巻き数(巻)	t_1	コイル端部の厚み(mm)
d_{max}	材料直径の許容差の最大値(mm)	t_2	もう一方の端部の厚み(mm)

・密着長さの計算式

$$L_c = (n_t - 1)d + (t_1 + t_2)$$

・両端部が研削またはテーパ加工を行った圧縮ばねで、特に密着長さの値を必要とする場合の計算式

$$L_c = n_t \times d_{max}$$

v) 縦横比の計算式

圧縮コイルばねの縦横比とは、有効巻数の確保と胴曲がり(座屈)を考慮するための係数です。縦横比が大きくなると胴曲がり(座屈)が発生するため縦横比が0.8〜4.0の範囲になるように設計します。設計上の都合で縦横比が大きくなってしまう場合には、圧縮コイルばねの内径に案内棒を設けるか、外径をガイドする構造を設けるなどの対策が必要です。縦横比の設計パラメータと胴曲がり(座屈)の症状を示します(**表2-13**、**図2-21**)。

表2-13 縦横比の設計パラメータ

記号	内容
L_0	自由長さ(mm)
D	コイル平均径(mm)

・縦横比の計算式

$$縦横比 = \frac{L_0}{D}$$

図2-21 胴曲がり(座屈)を起こした圧縮コイルばね

③ 圧縮コイルばねの強度の計算式（引張コイルばねのコイル部も同じ）

ⅰ) 材料の許容せん断応力図

使用上の最大応力は許容曲げ応力図から読み取った許容曲げ応力を超えない範囲で使用します（図2-22）。

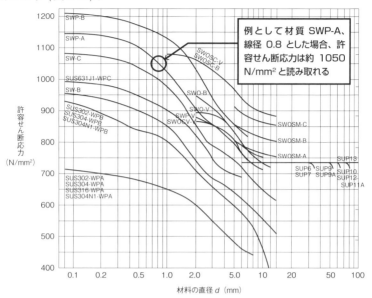

図2-22 材料の許容せん断応力図

ⅱ) 使用上の最大応力を求める計算式

使用上の最大応力は許容せん断応力図から読み取った許容せん断応力に対して80％以下の値とします。

例）使用上の最大応力＝1050×0.8＝840（N/mm²）

ⅲ) せん断未修正応力と強度の判定

静荷重と動荷重のせん断未修正応力のパラメータを示します（表2-14）。

表2-14 最大応力の計算パラメータ

記号	内容	記号	内容
τ_0	せん断未修正応力(N/mm²)	D	コイル平均径(mm)
τ_κ	せん断修正応力(N/mm²)	d	線径(mm)
F_{max}	最大荷重(N)	κ	応力修正係数(P76参照)

静荷重と動荷重のせん断未修正応力を次式に示します。

・静荷重の場合　　　　　　　　・動荷重の場合

$$\tau_0 = \frac{8F_{max}D}{\tau d^3} \qquad\qquad \tau_\kappa = \kappa\tau_0$$

使用上の最大応力＞τ_0またはτ_κであれば強度はOKと判断します。

④ 圧縮コイルばねの寿命（耐久性）の計算式（引張コイルばねも同じ）

ⅰ）せん断応力の疲労強度線図

　圧縮（引張）コイルばねは強度を満たしても寿命（耐久性）が保証されるわけではありません。寿命（耐久性）は、せん断応力の疲労強度線図を用いて応力比と上限応力係数から推定します（図2-23）。

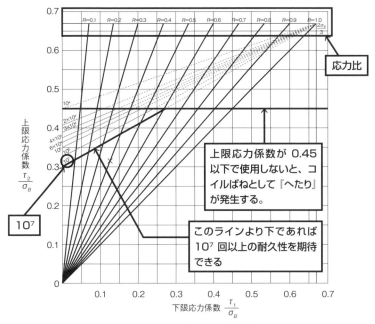

図2-23 せん断応力の疲労強度線図

ⅱ）疲労強度の計算式

　圧縮・引張コイルばねの疲労限度は、応力比と上限応力係数を計算して求め、せん断応力の疲労強度線図から読み取り、寿命（耐久性）を推定します。疲労強度の計算パラメータを示します（表2-15）。

表2-15 疲労強度の計算パラメータ

記号	内容	記号	内容
$\tau_{\kappa 1}$	最小せん断修正応力(N/mm²)	σ_B	材料の引張強さ(N/mm²)
$\tau_{\kappa 2}$	最大せん断修正応力(N/mm²)		

　疲労限度の確認は、次式で確認します。

$$応力比 = \frac{\tau_{\kappa 1}}{\tau_{\kappa 2}} \qquad 上限応力係数 = \frac{\tau_{\kappa 2}}{\sigma_B}$$

3) 引張コイルばねの設計計算

① 引張コイルばねのフック形状を決定する。

　フックは複雑な形状にすると応力集中を生じて折損の不具合を発生しやすくなるため、できる限り簡単な形状とします。フックの径は特に理由がない限り、コイル径と同一にします（表2-16）。

表2-16 代表的な引張コイルばねのフックの特徴

フック形状	形状	特徴
半丸フック		取付スペースの関係から、自由長さを短くしてスペース確保したい場合に有効です。
丸フック		一般的な形状で、ばね指数が小さい場合、立ち上がり部の応力集中を避けることができます。
逆丸フック		コイル中心から引っ張る形になるため荷重の安定性に優れ、自動化機械による成形に適し、大量生産に向いています。
Uフック		加工が比較的難しいという欠点があります。
Vフック		荷重の偏心を防ぎ、支持点を安定させる目的に使用されます。

② 引張コイルばねの計算式

ⅰ) ばね定数の計算式

　引張コイルばねのばね定数は荷重とたわみ量から決めていきます。線径やコイル平均径など、他のパラメータの値が明確ではない場合には、仮の値を設定して計算を進め、要求するばね定数を確定させていきます。ばね定数の計算に必要なパラメータを示します（表2-17）。

表2-17 ばね定数の計算パラメータ

記号	内容	記号	内容
R	ばね定数(N/mm)	G	横弾性係数(N/mm^2)
F	荷重(N)	n	有効巻数(巻)
F_i	初張力(N)	D	コイル平均径(mm)
s	伸び代(mm)	d	線径(mm)

　ばね定数は、次式で表されます。

$$R = \frac{F - F_i}{s} = \frac{Gd^4}{8nD^3}$$

ⅱ）有効巻数の計算式

　コイルばねの有効巻数が3巻未満だと、ばね定数が不安定になります。そのため、設定した荷重に対して実際の荷重との差異を小さくするために、有効巻数は3巻以上になるように設計します。フック向きは等倍巻で同一方向になります。そのため、逆向きになるときの巻数は0.5巻単位、直角向きのときは0.25巻、あるいは0.75巻単位になります（**図2-24**）。

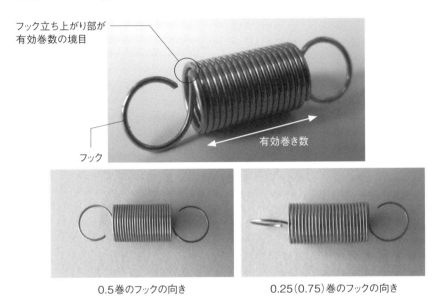

フック立ち上がり部が
有効巻数の境目

フック

有効巻き数

0.5巻のフックの向き　　　　　　0.25（0.75）巻のフックの向き

図2-24 引張ばねの有効巻き数

ⅲ）ばね指数と応力修正係数の計算式

　ばね指数は、コイルばねを加工する難易度を測る目安となる係数です。ばね指数が小さいとばね定数が大きくなり、局部応力が発生し加工が難しくなります。逆にばね指数が大きい場合はコイル径の精度が悪化します。設計する際にはコイルばねの品質の安定性を考慮して4〜15の範囲になるようにします。応力修正係数は動的に使用するコイルばねの強度計算に使用する係数です。

　ばね指数と応力修正係数の計算式は圧縮コイルばねと同じ計算式を使用しますので、ここでは省略します（P76参照）。

iv) 自由長さの計算式

引張コイルばねの自由長さは**図2-25**のように両端のフック内側間の距離をいいます。自由長さは次の計算式で計算できますが、有効巻数が多くなるほど材料直径の許容差が大きくなるため参考寸法とします。(**表2-18**)

表2-18 自由長さのパラメータ

記号	内容	記号	内容
L_0	自由長さ(mm)	d	線径(mm)
n	有効巻数(巻)	D_1	フック内側の距離(mm)

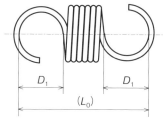

図2-25 引張コイルばねの自由長

・自由長さの計算式を示します。

$$L_0 = d\,(n+1) + 2D_1$$

v) 初張力の計算式

引張コイルばねは、一般的に隣り合うコイルを密着させて巻くため初張力が発生し、初張力を超えてからばねが伸びはじめるという特徴があります(**図2-26**)。特殊な例ですが、密着巻きでない場合は初張力ゼロとして扱います。

初張力の計算に必要なパラメータを示します(**表2-19**)。

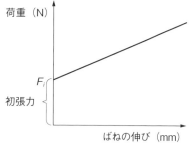

図2-26 初張力のグラフ

表2-19 初張力の計算パラメータ

記号	内容	記号	内容
F_i	初張力(N)	d	線径(mm)
τ_{0i}	初せん断未修正応力(N/mm^2)	c	ばね指数 $c = D/d$
D	コイル平均径(mm)	G	横弾性係数(N/mm^2)

初張力と初せん断未修正応力は、次式で表されます。

$$F_i = \frac{\tau d^3}{8D}\,\tau_{0i} \qquad\qquad \tau_{0i} = \frac{G}{100c}$$

4) ねじりコイルばねの設計計算

① ねじりコイルばねの腕の形状を決定する

　ねじりコイルばねの端末形状は腕の長さによって分類されます。設計するときには特性や製造の面からできるだけ単純な形状とし、腕の曲げの内Rは線径よりも大きくなるように設計します。また、腕の作用点は座屈を起こしてしまうため、コイル巻の延長線上にくるように設計する必要があります（**図2-27**）。

・腕が短い場合

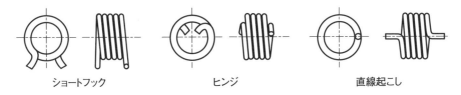

・腕が長い場合

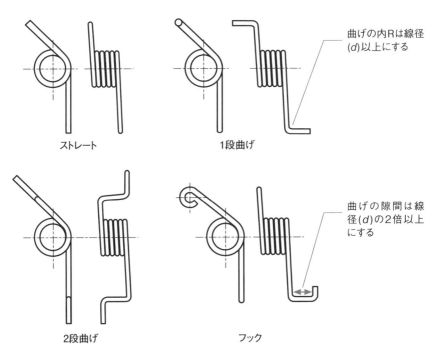

図2-27 ねじりコイルばねの腕の形状例

② ねじりコイルばねの計算式

ⅰ) ばね定数の計算式

　ねじりコイルばねのばね定数は、荷重とねじれ角から決めていきます。線径やコイル平均径など、そのほかのパラメータの値が明確ではない場合には仮の値を設計して計算を進め要求するばね定数を確定させていきます。ばね定数の計算パラメータを示します(表2-20)。ばね定数の計算の際に、腕の長さを考慮します(図2-28)。

表2-20 ばね定数の計算パラメータ

記号	内容	記号	内容
R_{Md}	角度あたりのばね定数(N·mm/°)	l_{WA}	腕の長さ(mm)
E	縦弾性係数(N/mm²)	l_{WB}	もう1方の腕の長さ(mm)
D	コイル平均径(mm)	F_A	腕にかかる荷重(N)
d	線径(mm)	F_B	もう1方の腕にかかる荷重(N)
n	巻き数(巻)	F	コイルばねに作用する荷重(N)
M	ねじりモーメント(N·mm)	r_W	腕の有効作用半径(mm)

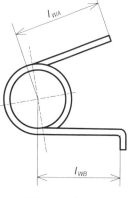

図2-28 腕の長さ

　次の関係が成り立つ場合、腕の長さは考慮しません。

$$(l_{WA} + l_{WB}) < 0.09\,\tau Dn$$

　次の関係が成り立つ場合、腕の長さを考慮します。

$$(l_{WA} + l_{WB}) \geqq 0.09\,\tau Dn$$

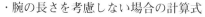

・腕の長さを考慮しない場合の計算式
　-ばね定数の計算式　　　　-ねじりモーメントの計算式

$$R_{Md} = \frac{Ed^4}{3667Dn} \qquad M = Fr_w$$

・腕の長さを考慮する場合の計算式
　-ばね定数の計算式　　　　　　　　　　-ねじりモーメントの計算式

$$R_{Md} = \frac{Ed^4}{3667Dn + 389(l_{WA} + l_{WB})} \qquad M = F_A l_{WA} = F_B l_{WB}$$

ii）有効巻き数

　コイルばねの有効巻数が3巻未満だとばね定数が不安定になります。そのため、設計で設定した荷重に対して実際の荷重との差異を小さくするために、有効巻数は3巻以上になるように設計します（**図2-29**）。

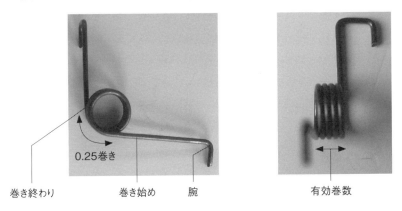

0.25巻き

巻き終わり　　　巻き始め　　腕

有効巻数

図2-29 ねじりコイルばねの有効巻数

　ねじりコイルばねの設計ではフックの角度の読み方に注意します。ねじりコイルばねの巻き数は$\theta = 180°$で整数巻きとなり、$\theta = 90°$で0.25巻き、$\theta = 0°$で0.5巻き単位になります（**図2-30**）。

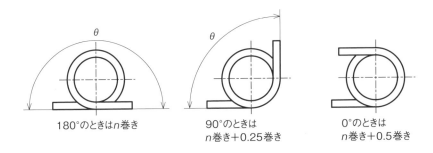

θ

180°のときはn巻き

θ

90°のときは
n巻き＋0.25巻き

0°のときは
n巻き＋0.5巻き

図2-30 ねじりコイルばねの角度と巻数

iii) コイル径の減少の計算式

　ねじりコイルばねは巻き込むことによって巻き数が増加する分、コイル径が小さくなります。そのためコイル内径に挿入する案内棒の径に注意する必要があります。案内棒の径は最もコイル径が減少したときの約90%になるように設計します。コイル径減少の計算パラメータを示します(**表2-21**)。

表2-21 コイル径減少の計算パラメータ

記号	内容	記号	内容
ΔD	コイル平均径の減少量(mm)	n	巻き数(巻)
α_{dmax}	最大ねじれ角(°)	D_d	案内棒の径(mm)
D	コイル平均径(mm)	D_i	コイル内径(mm)

コイル平均径の減少量は、次式で表されます。

$$\Delta D = \frac{\alpha_{dmax}}{360n}$$

案内棒の径は、次式で表されます。

$$D_d = 0.9(D_i - \Delta D)$$

φ(@°▽°@)　メモメモ

ねじりコイルばねの巻き方向

　ねじりコイルばねは一般的な使い方として、コイルを巻き込む方向に荷重を掛けて使用します。リンク機構の構造物に合わせて腕を引っ掛ける位置(手前か奥か)を決める必要があり、コイルの巻き方向を機構に合わせて設計します。

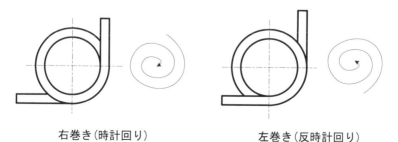

右巻き(時計回り)　　　　　　左巻き(反時計回り)

③ ねじりコイルばねの強度の計算式

ⅰ) 材料の許容曲げ応力図

　許容曲げ応力は許容曲げ応力図を使用して、材料と線径から読み取ります（**図2-31**）。

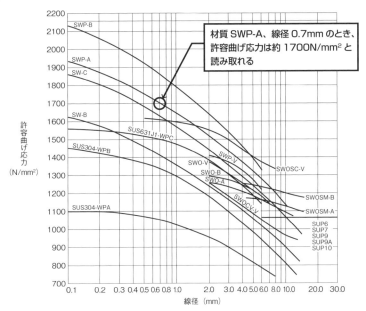

材質 SWP-A、線径 0.7mm のとき、許容曲げ応力は約 1700N/mm² と読み取れる

図2-31 材料の許容曲げ応力図

ⅱ) 使用上の最大応力を求める計算式

　使用上の最大許容曲げ応力は、許容曲げ応力図から読み取った許容曲げ応力を超えない範囲で使用します。使用上の最大応力の計算パラメータを示します（**表2-22**）。

表2-22 使用上の最大応力の計算パラメータ

記号	内容	記号	内容
σ_2	最大曲げ応力(N/mm²)	n	巻数（巻）
E	縦弾性係数(N/mm²)	α_2	最大ねじれ角(°)
D	コイル平均径(mm)	l_{WA}	腕の長さ(mm)
d	線径(mm)	l_{WB}	もう一方の腕の長さ(mm)

　最大曲げ応力は、次式で表されます。

－腕の長さを考慮しない場合　　　　　－腕の長さを考慮する場合

$$\sigma_2 = \frac{Ed\,\alpha_2}{360\,D_n}$$

$$\sigma_2 = \frac{Ed\,\alpha_2}{360\,D_n + 38.2(l_{WA} + l_{WB})}$$

④ ねじりコイルばねの寿命（耐久性）性の計算式

ⅰ）曲げ応力の疲労強度線図

　ねじりコイルばねは強度を満たしても寿命（耐久性）は保証されません。寿命（耐久性）は曲げ応力の疲労強度線図の応力比と上限応力係数から推定します（図2-32）。

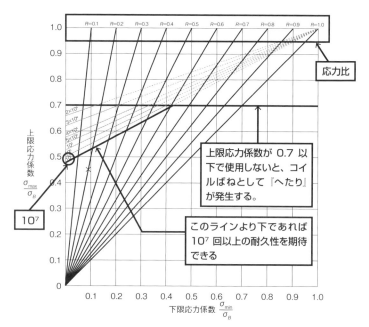

図2-32 曲げ応力の疲労強度線図

ⅱ）疲労強度の計算式

　ねじりコイルばねの疲労限度は、応力比と上限応力係数を計算して求め、曲げ応力の疲労強度線図から読み取り、寿命（耐久性）を推定します。疲労強度の計算パラメータを示します（表2-23）。

表2-23 疲労強度の計算パラメータ

記号	内容	記号	内容
σ_1	最小曲げ応力(N/mm^2)	σ_B	材料の引張強さ(N/mm^2)
σ_2	最大曲げ応力(N/mm^2)		

　疲労限度は、次式を計算し曲げ応力の疲労強度線図で確認します。

$$応力比 = \frac{\sigma_1}{\sigma_2} \qquad 上限応力係数 = \frac{\sigma_2}{\sigma_B}$$

第2章	3	# コイルばねの 不具合現象と対策

2-3-1 コイルばね折損の原因を考える

1) コイル部の折損の原因は何？

① 材料原因から考える

　材料からコイルばねの折損の原因を考えた場合、伸線中の潤滑不足などによる傷や錆など、材料不良が発生していた場合が考えられます。ただし、SWP-AやSWP-Bといったピアノ線については、腐食試験による傷の確認や焼入れで炭素が失われ強度に影響を与える脱炭状態などの検査で表面状態が保証されています。

② 加工原因から考える

　加工からコイルばねの折損の原因を考えた場合、設計上のばね指数が低いと加工難易度が高くなり、局部応力発生による加工不良や、材料送りの際の設備や治具類による傷が考えられます。

③ 設計原因から考える

　設計ミスによるコイルばねの折損の原因を考えた場合、主に使用方法の不適切や計算ミス、見落としなどがあり、具体的には次のような要因が考えられます。

- ・寿命（耐久性）を必要とする箇所の材料選定ミス、検討不足
  - 例）ピアノ線でなく硬鋼線を選定
- ・強度、寿命（耐久性）の計算ミス
  - 例）サージングや衝撃破壊、使用中の疲労破壊など
- ・使用環境に対して適切な表面処理を選定できていない
  - 例）錆、薬品による腐食、ばねへのめっきによる水素脆性破壊の発生など

④ 使用中の原因から考える

　コイルばねを使用している状態からのコイルばねの折損の原因を考えた場合、次のような原因が考えられます。

- ・使用中に他部品との干渉や接触による傷や変形の発生
- ・ばねを無理に装置へ組み込んだことによる傷や変形の発生

1) コイル部が受ける応力

① 圧縮コイルばねと引張コイルばねのコイル部が受ける応力

　圧縮コイルばねと引張コイルばねの場合、力がかかるとコイルが縮む方向もしくは伸びる方向にたわみます。図中のコイルにかかる力をPとしたとき、素線の断面Sは、せん断応力と回転モーメントを受けます（図2-33）。

　また引張ばねの場合、フックは場所によりせん断応力と曲げ応力のどちらも受けます。詳細は後述するフックの折損（引張、ねじり）を参照してください。

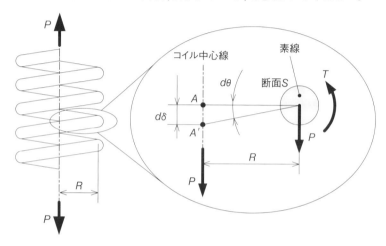

図2-33 圧縮コイルばねと引張コイルばねのコイル部が受ける応力

② ねじりコイルばねが受ける応力

　ねじりコイルばねは、力がかかるとねじる方向と逆向きに反力がかかることから、コイル部は曲げ応力を受けます（図2-34）。

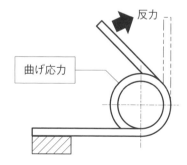

図2-34 ねじりコイルばねが受ける応力

2) コイル部にかかる応力と材料の許容応力との比較
① 圧縮コイルばねのパラメータ

　ここからは圧縮コイルばねを例にして、材料の許容せん断応力と使用上の最大応力とを比較していきます。圧縮コイルばねの計算に必要なパラメータを示します（**表2-24**）。

　このパラメータは次項（P95）の寿命（耐久性）でも同じものを使用します。

表2-24 例として使用する圧縮コイルばねのパラメータ

項目	値	項目		値
材料	SWP-A	自由長さL_0		(77 mm)
材料の引張強さσ_B	1810 N/mm^2	密着長さL_C		(25 mm)
線径d	2.0 mm	有効巻数n		10.5巻
横弾性係数G	7.85x10^4 N/mm^2	最小	荷重時の長さL_1	50 mm
材料密度ρ	7.85x10^{-6} kg/mm^3		最小荷重F_1	50.5 N
コイル平均径D	20 mm	最大	荷重時の長さL_2	35 mm
コイル内径D_i	18 mm		最大荷重F_2	78.5 N
ばね指数D/d	10			
ばね定数R	1.87 N/mm			

φ(@°▽°@)　メモメモ

主要な材料の縦弾性係数と横弾性係数、材料密度

　下表のパラメータは、それぞれ次のときに使用します。
・縦弾性係数 E…曲げ応力を受ける場合の計算
・横弾性係数 G…せん断応力を受ける場合の計算
・材料密度 ρ…固有振動数の計算

材料名	記号	縦弾性係数E	横弾性係数G	材料密度ρ
ばね鋼鋼材	SUP	206×10^3 N/mm^2	7.85×10^4 N/mm^2	7.85×10^{-6} kg/mm^3
硬鋼線	SW			
ピアノ線	SWP			
オイルテンパー線	SWO			
ステンレス鋼線	SUS304	186×10^3 N/mm^2	6.85×10^4 N/mm^2	7.93×10^{-6} kg/mm^3
	SUS631	196×10^3 N/mm^2	7.35×10^4 N/mm^2	

ⅰ）材料の許容せん断応力を読み取る

　許容せん断応力図を使用して、線径2.0mmにおける材料SWP-Aの曲線から許容せん断応力を読み取ります（**図2-35**）。

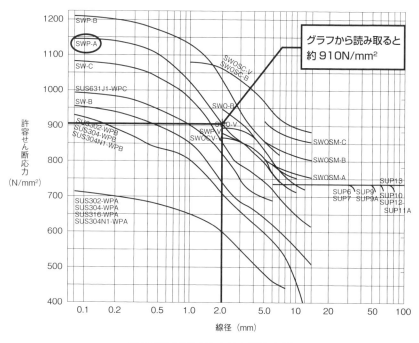

図2-35 材料の許容せん断応力図

ⅱ）使用上の最大せん断応力を計算

　使用上の最大応力は、許容せん断応力図から読み取った許容せん断応力に対して、80%以下の値とします。

　　使用上の最大応力 = 910 × 0.8 = 728(N/mm²)

③ 静的な場合のせん断修正応力と強度の判定

ⅰ）最小荷重から最小せん断修正応力を計算

$$\tau_{K1} = \frac{8DF_1}{\pi d^3} = \frac{8 \times 20 \times 50.5}{\pi \times 2.0^3} = 321.5 \, (\text{N/mm}^2)$$

ⅱ）最大荷重から最大せん断修正応力を計算

$$\tau_{K2} = \frac{8DF_2}{\pi d^3} = \frac{8 \times 20 \times 78.5}{\pi \times 2.0^3} = 499.7 \, (\text{N/mm}^2)$$

ⅲ）計算結果から強度を判定

　使用上の最大応力：728（N/mm^2）

　圧縮コイルばねの最大せん断修正応力：499.7(N/mm^2)

　『使用上の最大応力＞圧縮コイルばねの最大せん断修正応力』より、

強度OKと判断します。

④ 動的な場合のせん断修正応力と強度の判定

ⅰ）ばね指数からせん断応力修正係数を計算

$$c = \frac{D}{d} = \frac{20}{2.0} = 10$$

$$\kappa = \frac{4c-1}{4c-4} = \frac{0.615}{c} = \frac{4 \times 10 - 1}{4 \times 10 - 4} + \frac{0.615}{10} = 1.14$$

ⅱ）動的な場合の最大せん断修正応力を計算

$$\tau_0 = \frac{8DF_2}{\pi d^3} = \frac{8 \times 20 \times 78.5}{\pi \times 2.0^3} = 499.7 \, (\text{N/mm}^2)$$

$$\tau = \kappa \tau_0 = 1.14 \times 499.7 = 569.7 \, (\text{N/mm}^2)$$

ⅲ）計算結果から強度を判定

　使用上の最大応力：728（N/mm^2）

　圧縮コイルばねの最大せん断修正応力：569.7(N/mm^2)

　『使用上の最大応力＞圧縮コイルばねの最大せん断修正応力』より、

強度OKと判断します。

④ 静的な場合の密着状態のせん断修正応力と強度の判定

ⅰ）密着状態の荷重を計算

$$F = R(L_0 - L_c) = 1.87 \times (77 - 25) = 97.2 (\text{N/mm}^2)$$

ⅱ）密着状態の最大せん断修正応力を計算

$$\tau = \frac{8DF}{\pi d^3} = \frac{8 \times 20 \times 97.2}{\pi \times 2.0^3} = 618.8 (\text{N/mm}^2)$$

ⅲ）計算結果から強度を判定

　　使用上の最大応力：728（N/mm^2）

　　圧縮コイルばねの最大せん断修正応力：618.8(N/mm^2)

　　『使用上の最大応力＞圧縮コイルばねの最大せん断修正応力』より、

　　強度OKと判断します。

φ(@°▽°@)　メモメモ

静的と動的

　ばねを使用する際に、静的と動的という言葉が出てきます。

・**静的**

　蓄積したエネルギーを一定荷重として与え続けられる（ばねが動作しない）状態。
　生涯動作回数が1000回以下のような繰り返しはしないが可動する状態。

・**動的**

　常に繰り返し可動して、荷重がかかったり衝撃を受けたりするような状態。

4) 繰り返し荷重によるばねの寿命（耐久性）の推定

① ばねの寿命（耐久性）を推定する

ⅰ) 応力比と上限応力係数を計算

$$応力比 = \frac{\tau_{K1}}{\tau_{K2}} = \frac{321.5}{499.7} = 0.64$$

$$上限応力係数 = \frac{\tau_{K1}}{\sigma_B} = \frac{499.7}{1810} = 0.28$$

ⅱ) 寿命（耐久性）の判定

せん断応力の強度線図から、求めた応力比と上限応力係数の交点の位置を読み取り、耐久回数を判定します（図2-36）。

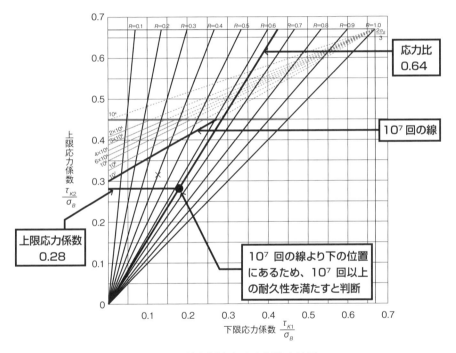

図2-36 せん断応力の疲労強度線図

②固有振動数を計算してばねと機構との振動を判定

ⅰ）コイルばねの固有振動数を計算

　ここまでの計算で例として使用してきた圧縮ばねを実際に機構で使用したときの圧縮コイルばねの固有振動数を計算します。このとき機構の振動数を5Hz(5往復/秒)、圧縮コイルばねは両端自由で使用した場合を、ここでの計算の条件とします。

$$f_e = a \frac{22.36d}{\pi n D^2} \sqrt{\frac{G}{\rho}} = \frac{i}{2} \times \frac{22.36 \times 2.0}{\pi \times 10.5 \times 20^2} \times \sqrt{\frac{7.85 \times 10^4}{7.85 \times 10^{-6}}} = 169.54 \times i \, (\text{Hz})$$

・ばねの両端が自由、または固定の場合

$$a = \frac{i}{2}$$

・ばねの一端が固定で、他端が自由の場合

$$a = \frac{2i-1}{4}$$

> 振動モードiは1,2,3・・という変数になります。

ⅱ）機構の振動数とコイルばねの固有振動数と比較して判定

　　機構の振動数…5(Hz)

　　圧縮コイルばねの固有振動数…169.54(Hz)

　　振動モードi…1

　上記の条件より、振動源である機構の振動数に対してばね固有振動数は8倍以上離れているため、

　サージングの心配はないと判定する。

※振動モードi＝2以上とすると圧縮コイルばねの固有振動数が2倍、3倍…と増えます。しかし、機構の振動数からさらに遠ざかるため、影響はありません。

固有振動数とサージング

　固有振動数とは、対象とする振動系がもつ固有の共振周波数のことで、単位はHzで表されます。

　テレビでオペラ歌手が声でワイングラスを割るといった番組を見たことがある人も多いのではないでしょうか。これはワイングラスの持つ固有振動数とオペラ歌手の発する声の周波数が一致することで、ワイングラスが自励振動を起こして割れる現象です。

　ばねに関する固有振動数の例では、自動車のアクセルを踏み込んでエンジンの回転数を徐々に上げていくと、エンジン音が「ブーン・・」とうなります。さらにエンジン回転数が6〜7000 rpmを超えてくると、うなり音が途中から「ワンワンワンワワワ・・」と異常な音に変化します。これをエンジンのサージングといい、バルブスプリングが共振することでバルブタイミングがずれて燃料が正しく供給されず、パワーが出なくなる状態です。

　このように機構からの振動が速くなりコイルばねの固有振動数に近づくとサージング（共振）を起こし、機構の動作速度に対してコイルばねが追従せず、機能不順や破損の原因となります。そのため機構の振動とコイルばねの固有振動数とが一致しないように設計する必要があります。

　コイルばねの振動はひとつの周波数で振動するのではなく、整数倍の周波数（2倍、3倍…）で振動することがあり、これを振動モード（i）といいます。

　機構の振動に対して固有振動数が8倍以上とすることが望ましいと「JIS B 2704-1」で規定されています。対策案として、ばね定数を非線形にするために不等ピッチにすることやコイルばねの座にゴムを敷くことで、サージングの防止に役立つ場合があります。

5) 折損の原因になるコイルばねの使用方法と設計変更

① コイル部の寿命に影響を与える要因

ⅰ) 偏荷重

　圧縮コイルばねが横方向の力を受けるような構造で使用すると、横方向の力により圧縮コイルばねに偏荷重がかかります。この状態で使用し続けるとコイル部の寿命に影響を与え、折損の原因になる可能性があります。この場合、圧縮コイルばねにかかる偏荷重を軽減するためにコイル内径に案内棒を追加することや、外径側をガイドするように設計変更することで対策することができます（図2-37）。

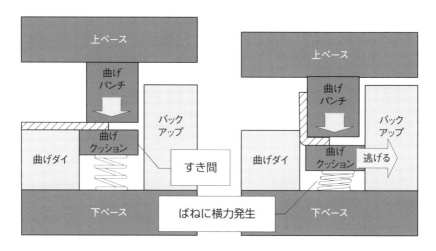

図2-37 圧縮コイルばねが偏荷重を受ける板金曲げ金型の例

ⅱ) 座屈

　圧縮コイルばねの縦横比が0.8〜4の範囲を超えているとき、有効巻数が3巻以下の場合にはコイル部が横に曲がる座屈を起こします。この状態で使用すると圧縮コイルばねの変形や折損の原因になる可能性があります。案内棒を入れることで座屈の対策をすることができますが、案内棒が細いと座屈が完全に収まらず、逆に太いとコイル内径と干渉を起こして折損の原因になる可能性があります。そのため座屈が起こらないような構造を設計することが望ましいといえます。

ⅲ) サージング

　コイルばねが外からの振動を受けたとき、その振動とコイルばねの固有振動数が一致すると圧縮ばねはサージング（共振）を起こし、コイルばねの破損の原因になる可能性があります。この場合、コイルばねの固有振動数を高くするためにコイルばねの材料を強度のあるものへ変更や線径を太くするほか、形状寸法を変更するなどの設計変更をします。

フックや腕の折損（引張コイルばね、ねじりコイルばね）

1) 端末部が受ける応力

① 引張コイルばね

　引張コイルばねのフックは、部位によりせん断応力と曲げ応力のどちらも受けます。引張コイルばねはフック形状またはコイル本体からの立ち上がり部分で応力集中するため、コイル部よりもフックの方が折損しやすくなります（**図2-38**）。

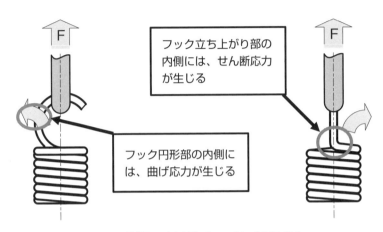

図2-38 引張コイルばねのフックに生じる応力

② ねじりコイルばね

　ねじりコイルばねは材料の線材を円弧上に曲げてリング状にした形をしており、コイルを巻き込む方向に力を加えることで曲げ応力を受けます。したがって、ねじりコイルばねはコイル部と同様に腕にも曲げ応力を受けます（**図2-39**）。

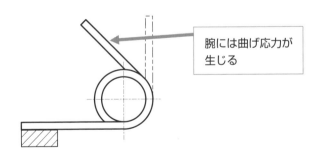

図2-39 ねじりコイルばねの腕に生じる応力

2) 引張ばねのフックにかかる応力と材料の許容応力との比較
① 引張コイルばねのパラメータ

　引張コイルばねを例にして、フックの曲げ応力を受ける部分とせん断応力を受ける部分にかかる応力を、材料の許容せん断応力と比較していきます。例として使用する引張コイルばねの計算に必要なパラメータを示します(**表2-25**)。

　このパラメータは次項の寿命でも同じものを使用します。

表2-25 例として使用する引張コイルばねのパラメータ

項目	値		項目	値
材料	SUS304-WPB		自由長さL_0	(24.1 mm)
材料の引張強さσ_B	1950 N/mm²		初張力F_i	(0.31 N)
線径d	0.55 mm		有効巻数$_n$	15.75巻
縦弾性係数E	186×10^3 N/mm²	最小	荷重時の長さL_1	29.1 mm
横弾性係数G	6.85×10^4 N/mm²		最小荷重F_1	0.8 N
材料密度ρ	7.93×10^{-6} kg/mm³	最大	荷重時の長さL_2	17 mm
コイル平均径D	8 mm		最大荷重F_2	1.96 N
コイル外径D_e	8.55 mm		フック形状	逆丸フック
ばね指数D/d	14.5		フック形状の半径r_1	4 mm
ばね定数R	0.09 N/mm		立ち上がり部の半径r_2	1 mm

　ただし、フックの強度保証はJISで規定していないため、計算の値は参考値とします。

② フック円形部が受ける許容曲げ応力

ⅰ）材料の許容曲げ応力を読み取る

材質SUS304-WPBと線径0.55mmから、許容曲げ応力図を使用して材料の許容曲げ応力を読み取ります（**図2-40**）。

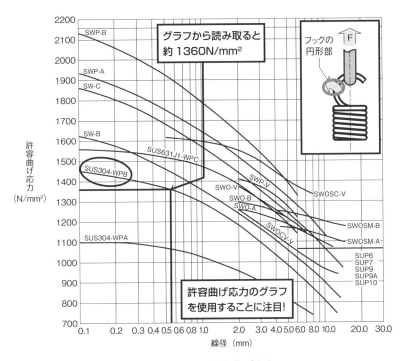

図2-40 材料の許容曲げ応力

ⅱ）使用上の最大曲げ応力を計算

フック円形部の使用上の最大応力は、許容曲げ応力図から読み取った許容曲げ応力値に対して80%以下とします。

使用上の最大応力 = 1360 × 0.8 = 1088(N/mm²)

③ フック円形部が受ける曲げ応力と強度の判定

ⅰ) ばね指数から曲げ応力修正係数を計算

フック円形部のばね指数を c_1、応力修正係数を κ_{b1} と κ'_{b1}、とします。

$$c_1 = \frac{2r_1}{d} = \frac{2 \times 4}{0.55} = 14.5$$

曲げ応力を受ける際の応力修正係数は、下式で計算します。

$$\kappa_{b1} = \frac{4c_1^2 - c_1 - 1}{4c_1(c_1 - 1)} = \frac{4 \times 14.5^2 - 14.5 - 1}{4 \times 14.5(14.5 - 1)} = 1.05$$

$$\kappa'_{b1} = \kappa_{b1} + \frac{1}{4c_1} = 1.05 + 0.02 = 1.07$$

ⅱ) 最小曲げ応力の計算

求めた曲げ応力修正係数よりフック円形部の最小曲げ応力を計算します。フック円形部の最小曲げ応力は σ_1 とします。

$$\sigma_1 = \kappa'_1 \frac{16DF_1}{\pi d^3} = 1.07 \times \frac{16 \times 8 \times 0.8}{\pi \times 0.55^3} = 209.6 (\text{N/mm}^2)$$

ⅲ) 最大曲げ応力の計算

求めた曲げ応力修正係数より、フック円形部の最大曲げ応力を計算します。フック円形部の最大曲げ応力は σ_2 とします。

$$\sigma_2 = \kappa'_1 \frac{16DF_2}{\pi d^3} = 1.07 \times \frac{16 \times 8 \times 1.96}{\pi \times 0.55^3} = 513.6 (\text{N/mm}^2)$$

ⅳ) 計算結果から強度を判定

使用上の最大応力：1088 （N/mm²）

引張コイルばねのフック円形部の最大曲げ応力：513.6(N/mm²)

『使用上の最大応力 > 引張コイルばねのフックの最大曲げ応力』より、

強度OKと判断します。

④ フック立ち上がり部が受ける許容せん断応力

ⅰ) 材料の許容せん断応力を読み取る

許容せん断応力図を使用して、材質SUS304-WPBと線径0.55mmから材料の許容せん断応力を読み取ります(図2-41)。

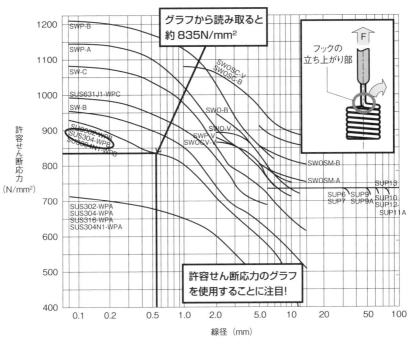

図2-41 材料の許容せん断応力

ⅱ) 使用上の最大せん断応力を計算

使用上の最大応力は許容せん断応力図から読み取った許容せん断応力値に対して80%以下とします。

強度OKと判断します。

使用上の最大応力=835×0.8=668(N/mm²)

⑤ フック立ち上がり部が受けるせん断修正応力と強度の判定

ⅰ) ばね指数から応力修正係数を計算

フック立ち上がり部のばね指数を c_2、応力修正係数を κ_2 とします。

$$c_2 = \frac{2r_2}{d} = \frac{2 \times 1}{0.55} = 3.64$$

せん断応力を受ける際の応力修正係数は、下式で計算します。

$$\kappa_2 = \frac{4c_2 - 1}{4c_2 - 4} = \frac{4 \times 3.64 - 1}{4 \times 3.64 - 4} = 1.28$$

ⅱ) 最小せん断修正応力の計算

求めた応力修正係数より、フック立ち上がり部の最小せん断修正応力を計算します。フック立ち上がり部の最小せん断修正応力は $\tau_{\kappa 1}$ とします。

$$\tau_{\kappa 1} = \kappa_2 \frac{8DF_1}{\pi d^3} = 1.28 \times \frac{8 \times 8 \times 0.8}{\pi \times 0.55^3} = 125.4 (\text{N/mm}^2)$$

ⅲ) 最大せん断修正応力の計算

求めた応力修正係数より、フック立ち上がり部の最大せん断修正応力を計算します。フック立ち上がり部の最大せん断修正応力は $\tau_{\kappa 2}$ とします。

$$\tau_{\kappa 2} = \kappa_2 \frac{8DF_2}{\pi d^3} = 1.28 \times \frac{8 \times 8 \times 1.96}{\pi \times 0.55^3} = 307.2 (\text{N/mm}^2)$$

ⅳ) 計算結果から強度を判定

使用上の最大応力：668（N/mm^2）

引張コイルばねのフック立ち上がり部の最大せん断修正応力：307.2(N/mm^2)

『使用上の最大応力＞引張コイルばねのフック立ち上がり部の最大せん断修正応力』より、

強度OKと判断します。

3) 引張コイルばねの繰り返し荷重による寿命（耐久性）の推定

① フック円形部の寿命（耐久性）を推定する

ⅰ）応力比と上限応力係数を計算

　フック円形部と同様に曲げ応力を受けるねじりコイルばねも、同じ計算式で寿命（耐久性）を推定することができます。

$$応力比 = \frac{F_1}{F_2} = \frac{0.8}{1.96} = 0.41$$

$$上限応力係数 = \frac{\sigma_2}{\sigma_B} = \frac{513.6}{1950} = 0.26$$

ⅱ）寿命（耐久性）の判定

　求めた応力比と上限応力係数より、曲げ応力の強度線図から読み取り、寿命（耐久性）を判定します（図2-42）。

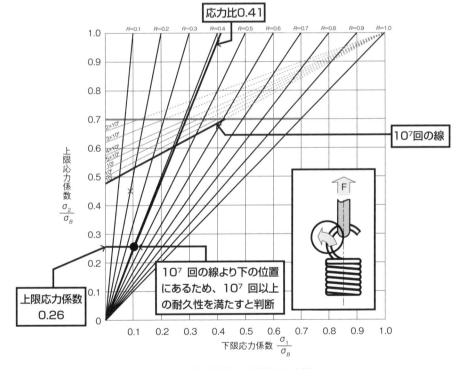

図2-42 曲げ応力の疲労強度線図

② フック立ち上がり部のばねの寿命（耐久性）を推定する

ⅰ）応力比と上限応力係数を計算

$$応力比 = \frac{\tau_{K1}}{\tau_{K2}} = \frac{125.4}{307.2} = 0.41$$

$$上限応力係数 = \frac{\tau_{K2}}{\sigma_B} = \frac{307.2}{1950} = 0.16$$

ⅱ）寿命（耐久性）の判定

　求めた応力比と上限応力係数より、せん断応力の強度線図から読み取り寿命（耐久性）を判定します（**図2-43**）。

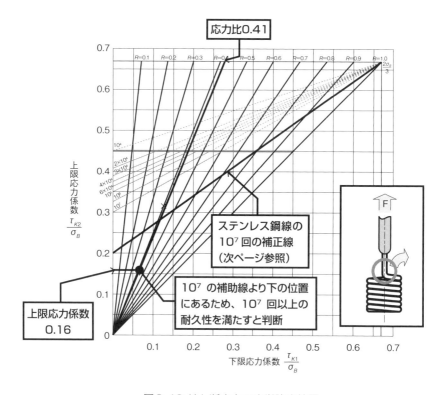

図2-43 せん断応力の疲労強度線図

φ(@°▽°@) メモメモ

ばね用のステンレス鋼線、硬鋼線、リン青銅線における寿命線の補正

　せん断応力の疲労強度線図において、10^7回線は上限応力係数（Y軸上）の値0.3から右上に傾く寿命線で表されています。この線は耐疲れ性の優れたピアノ線や弁ばね用オイルテンパー線でショットピーニングを施さない場合に使用します。

　ばね用ステンレス鋼線、硬鋼線などを使用した場合、上限応力係数（Y軸上）の交点を次に示す材料係数の値に変更し、その値から右上に傾く寿命線に修正してから領域を確認します。

・ステンレス鋼線…0.2

・硬鋼線…0.2

・りん青銅…0.15

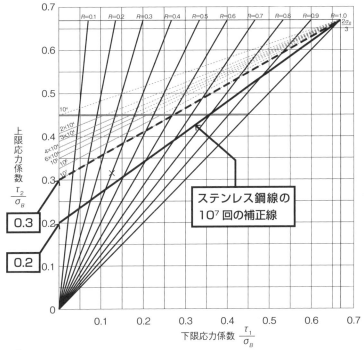

【注意】

　JISには材料係数についての記述はありませんが、文献：「わかりやすい　ばね技術」（社）日本ばね工業会発行によると、上記の補正係数を用いるとあります。

　上記の補正値では、10^7回に対する寿命を判断できますが、10^6回以下の寿命は明確に求めることができません。しかし10^7回の寿命があるかどうかだけでもわかれば寿命の目安をつけることができます。

4) ねじりコイルばねの腕にかかる応力と材料の許容応力との比較
① ねじりコイルばねのパラメータ

　ここからはねじりコイルばねを例にして、コイルと腕にかかる曲げ応力を材料の許容せん断応力と比較していきます。例として使用するねじりコイルばねの計算に使用するパラメータを示します（表2-26）。

表2-26 例として使用するねじりコイルばねのパラメータ

項目	値		項目	値
材質	SWP-A		自由角度α_0	110°
材料の引張強さσ_B	2110 N/mm²		総巻数n_t	9.2巻
線径d	0.8 mm	最小	最小ねじれ角α_1	50°
縦弾性係数E	206×10³ N/mm²		最小ねじりモーメントM_1	10.1 N·mm
材料密度ρ	7.85×10⁻⁶ kg/mm³	最大	最大ねじれ角α_2	80°
コイル平均径D	12 mm		最大ねじりモーメントM_2	16.2 N·mm
コイル内径D_i	11.2 mm		案内棒の直径D_d	9.8 mm
ばね指数D/d	15		腕の長さl_{wA}	17 mm
ばね定数R_{Md}	0.2 N/°		もう1方の腕の長さl_{wB}	15 mm

　ねじりコイルばねの寿命（耐久性）は、前項で示した曲げ応力を受ける引張コイルばねのフック円形部と同じ計算と寿命の推定方法のため省略します。

② ねじりコイルばねの許容曲げ応力

ⅰ）材料の許容曲げ応力の読み取り

許容曲げ応力図を使用して、材質SWP-Aと線径0.8mmから材料の許容曲げ応力を読み取ります（**図2-44**）。

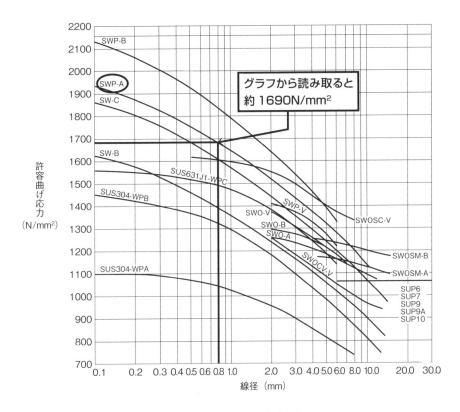

図2-44 材料の許容曲げ応力

ⅱ）使用上の最大せん断応力の計算

　使用上の最大応力は許容曲げ応力図から読み取った許容曲げ応力を超えない範囲で使用することが望ましいと、JIS B 2704-1で規定されています。従って、ここでは安全率を80%とせず100%のままで使用します。

　　使用上の最大応力 = 1690（N/mm²）

③ ねじりコイルばねが受ける曲げ応力と強度の判定

ⅰ）最小曲げ応力の計算

最小曲げ応力を σ_1 とします。

$$\sigma_1 = \frac{Ed\sigma_1}{360Dn_t + 38.2(I_{WA} + I_{WB})} = \frac{206 \times 10^3 \times 0.8 \times 50}{360 \times 12 \times 9.2 + 38.2(17 + 15)} = 201.1 \, [\text{N/mm}^2]$$

ⅱ）最大曲げ応力の計算

最大曲げ応力を σ_2 とします。

$$\sigma_2 = \frac{Ed\sigma_2}{360Dn_t + 38.2(I_{WA} + I_{WB})} = \frac{206 \times 10^3 \times 0.8 \times 80}{360 \times 12 \times 9.2 + 38.2(17 + 15)} = 321.8 \, [\text{N/mm}^2]$$

ⅲ）計算結果から強度を判定

使用上の最大応力：1690（N/mm^2）

ねじりコイルばねの最大曲げ応力：321.8(N/mm^2)

『使用上の最大応力＞ねじりコイルばねの最大曲げ応力』より、

強度OKと判断します。

5) ねじりコイルばねの繰り返し荷重による寿命（耐久性）の推定

ねじりコイルばねの寿命（耐久性）は、曲げ応力を受ける引張コイルばねのフック円形部と同じ計算と寿命（耐久性）の推定方法のため、ここでは省略します（P105参照）。

6) コイル端部の寿命に影響を与える要因と設計変更
①フック摺動部の摩耗

　引張コイルばねを回転機構に使用するとき、機構が回転すると引張コイルばねのフック内側とばね掛け部品とで摺動が発生します。摺動による摩擦が続くとフックに疲労がたまり折損の原因になる可能性があります。そのため、摺動するフックとばね掛け部品にグリースを塗布して摺動の抵抗を軽減させるほか、ばね掛け部品を円筒形状に設計変更することも摺動の抵抗を軽減させる効果があります（図2-45）。

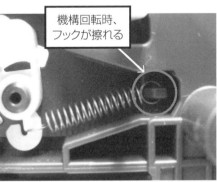

機構回転時、フックが擦れる

図2-45 引張コイルばね使用した回転機構

②コイル部に対してフックや腕の強度不足

　引張コイルばねやねじりコイルばねは、コイル部に対してフックや腕の方が折損のリスクが高くなります。コイル部での強度、寿命（耐久性）が満足していても、フックや腕の寿命（耐久性）が不足する可能性がありますので、強度計算と寿命計算を忘れないようにしましょう。

　例えば、引張コイルばねではフック形状を逆丸フックから丸フックに変更することで、応力集中を軽減できます（図2-46）。

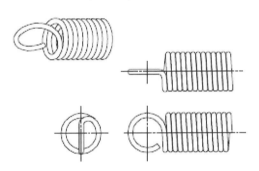

図2-46 引張ばねの丸フック

第3章

使用条件によって
使い分けるべき
「軸受（転がりとすべり）」

第3章	1	軸受の種類や特徴

「軸受」

回転運動または往復運動する軸あるいは物体を保持し、その運動ならびに作用する摩擦を軽減する機械要素です。

回転部品の相棒的存在、それが「軸受」

機械製品といったら必ず発生するのが「動き」です。そして、その「動き」は歯車や軸などの回転部品を介して出力します。では、絶えず回転する部品はどのように支えられているでしょうか。そして、回転する部品との間に発生する摩擦はどのように対策されているでしょうか？じっくり考えると不思議ですよね？！その不思議を解決してくれているのが「軸受」です。普段なかなか目にすることができない「軸受」の原理や活用用途などをしっかりと学んでいきましょう（**図3-1**）。

図3-1 軸受活用のイメージ

なぜ「軸受」が必要なのか

軸が回転する際に発生する「摩擦」、これは機械部品の「摩耗」と動力の「損失」を招きます。「摩耗」は機械動作の精度を低下させる要因になること、そして「損失」は出力に対して余計に動力を発生させる必要が生じます。軸受は「摩耗」を防止することにより動力の効率的な伝達を可能とするとともに、軸受で発生した「摩耗」に対し、交換することで機械動作の精度を維持するための部品になります。

何気なく使っている軸受ですが、改めて考えると非常に重要な存在なんですね！！

機械の精度の高さと効率の良さを一手に担う大切な部品なんだ！

1）転がり軸受とすべり軸受について

　世の中の軸受は大きく2種類で「転がり軸受」と「すべり軸受（ジャーナル軸受とも呼びます）」に大別できます。役割はどちらも「摩擦低減」ですが、回転する軸の特性により使い分けることで、コスト面や寿命面で高い性能を発揮できます（**表3-1**）。

表3-1 転がり軸受とすべり軸受の比較

	転がり軸受	すべり軸受
外観と構造	回転軸と軸受の間に「玉」または「ころ」などの転動体による転がりを利用する軸受	回転軸と軸受の間の「すべり」を利用する軸受
寸法	**直径方向に大きくなる傾向** 転動体が内蔵されているため	**幅方向に大きくなる傾向** すべり面確保による面圧低減のため
摩擦	**低速回転、高速回転どちらも小さい** 転動体の接触面積が小さいため	**低速回転時に大きくなる** 潤滑タイプによって異なる
回転性能	**高速回転・低速回転どちらも対応** 転動体や軸受形式にもよる	**高速回転では発熱があるため不利** 潤滑タイプによって異なる
許容荷重	**大きい** 転動体により変化する	**大きい** 同軸径の転がり軸受よりも大きい
寿命	**定量的に示されている** 材料疲れによる剥離で寿命	**軸受形状や荷重により計算** 潤滑状態により左右される
高低温特性	**温度変化の影響を受けにくい** 鋼製の材料を使用しているため	**温度変化の影響を受けやすい** 使用材質にもよる
耐衝撃性	**強い** 剛性の高い材料による効果	**強い** 衝撃を吸収できる材料による効果
互換性	**あり** 規格化によりメーカー間互換性あり	**なし** 規格化されていないため不利

いろいろな本などで比較を見ると、すべり軸受が、ずば抜けていいのですが、本当のところはどうなんですか？

すべり軸受には摩擦低減するための潤滑があり、その潤滑方式によっては転がり軸受に軍配が上がることが多いぞ！

■D(￣ー￣*)コーヒーブレイク

軸受の歴史

昔々の重量物運搬を考えてください。大きな石を運ぶのに大勢の人がロープを引っ張って「引きずり」ながら運搬していました。

数百キロもするような石を「引きずり」ながら運搬する、考えるだけでも大変な作業ですよね。そこで「より軽く運搬したい」と考えた先人は、石の下に水を撒いてそれを潤滑剤にした「すべりの低減」を利用することを考えました。これが「すべり」の利用の発祥といわれています。

しかし、水による潤滑には多大な量の水が必要となり、水の運搬などを考えると現実的ではなかったのでしょう。さらに時が過ぎ、「もっと軽く運搬できないか」と考えた先人は、丸太のような円筒状の棒を石の下に敷きその上に石を載せることを考えました。これが「転がり」の利用の発祥です。

「引きずり」から「すべり」、「転がり」と進化を遂げ、これが軸受へと進化し、今日に至っています（**図3-2**）。

本当に先人の発明は凄いと感じますよね。

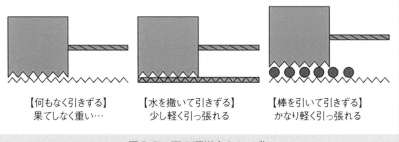

図3-2　石の運搬(イメージ)

2) 転がり軸受とすべり軸受の使い分けと活用事例について

　転がり軸受とすべり軸受の比較結果から、それぞれに適した活用条件と実用事例を説明します。

① 転がり軸受に適した使用条件と活用事例
　・高速回転で使用したい
　・摩擦をとにかく小さくして機械への負荷を抑えたい
　・軸の位置精度を高くして振れを防止したい

【活用事例】
・自動車や列車の車軸を支える部分
　(回転回数が多くなるごとに車体の位置が変動することを防止するための使用)
・航空機のエンジン主軸部分
　(高速回転、高温に耐えるための使用)

② すべり軸受に適した使用条件と活用事例
　・低速回転で衝撃荷重を受けるところに使用したい
　・長寿命としたい
　・狭く、異物が混入するような場所に使用したい

【活用事例】
・自動車のエンジンクランクシャフト部分
　(高速や連続回転に加え、エンジン内部の切削くずなどの異物が出てしまう環境での使用)
・風力発電機のプロペラを支える部分
　(低速ですが、回転体の重さに加えて風などの影響を受ける高負荷部分での使用)

1)転がり軸受の構造と基礎知識

一般的な「深溝玉軸受」の構造を用いて説明します（**図3-3**）。

① 転がり軸受の構造

転がり軸受は外輪、内輪で構成される軌道輪、転動体、保持器の４つの部品から構成されています。通常、転動体に当たる部分はシールドという部品で蓋をされていることが多いので、見ることができなくなっています。

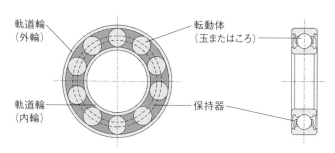

図3-3 転がり軸受の構造(深溝玉軸受)

・転動体

「玉」と「ころ」の２種類があり、「ころ」には円筒ころや針状ころ、円すいころおよび球面ころがあります。転動体は外輪と内輪の間を転がりながら荷重を受けることで摩擦を低減します。

・軌道輪（内輪と外輪）

転動体が転がり支える面を軌道面といい、軸受にかかる荷重を接触面で支えています。また、軌道輪の内側で軸を支えている部分を「内輪」といい、軸受を装着する装置の穴とはめあわせて使用する部分を「外輪」といいます。

・保持器

玉やころなどの転動体を一定の間隔で正しい位置に配置できるようにする部品で、転動体の脱落防止の役目もあります。保持器には、鉄板をプレスで成形した「打ち抜き保持器」や削り出しにより成形した「もみ抜き保持器」および「樹脂成形保持器」などがあります。

② 転がり軸受が受ける荷重の方向と呼び方

軸受にかかる荷重には名称が付いており、メーカー間で共通な名称になっています。カタログで軸受を選定する際に重要な言葉になるので正確に理解しましょう。

・ラジアル荷重

軸受で受ける軸の中心線に対し垂直方向にかかる荷重をいいます（**図3-4**）。

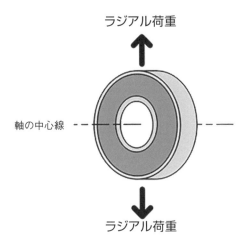

図3-4 転がり軸受のラジアル荷重方向

・アキシアル荷重

軸受で受ける軸の中心線に対し平行方向にかかる荷重をいいます。スラスト荷重ともいいます（**図3-5**）。

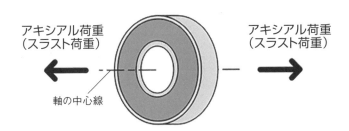

図3-5 転がり軸受のアキシアル荷重方向

③ 転がり軸受の分類

　転がり軸受には、転動体の違い、軸受が受ける荷重の向きの違いにより分類されます。転がり軸受の分類についての全体像を示します（図3-6）。

玉軸受	ラジアル玉軸受	深溝玉軸受
		アンギュラ玉軸受
		自動調心玉軸受
		4点接触玉軸受
	スラスト玉軸受	単列平面スラスト玉軸受
		複列平面スラスト玉軸受
ころ軸受	ラジアルころ軸受	円筒ころ軸受
		針状ころ軸受
		円すいころ軸受
		自動調心ころ軸受
	スラストころ軸受	スラスト円筒ころ軸受
		スラスト針状ころ軸受
		スラスト円すいころ軸受
		スラスト自動調心ころ軸受
特殊用途		ボールプッシュ
		リニアガイド
		カムフォロア

図3-6 転がり軸受の種類

うわー、
すごい種類がありますね！
使いこなせるか心配です（汗）

特性を理解できればそれほど難しいことはない！あとはメーカーのカタログの意味を理解できるかが鍵だ！！

④ 「玉軸受」と「ころ軸受」の比較

転がり軸受は玉やころなどの転動体の種類により転がり軸受の特性を左右します。転動体の特性を理解して、正しく転がり軸受を選定できるようにしましょう（**表3-2**）。

表3-2 転動体の比較

玉軸受	ころ軸受
玉	ころ

・点接触で転がり抵抗を少なくできることから回転トルクが小さくなり高速回転での低騒音、低振動が特徴です。 ・負荷できる荷重は少ないですが、ラジアル荷重とアキシアル荷重の両方を負荷できることから、汎用性が高い軸受です。	・線接触のため転がり抵抗は玉軸受に比べて大きくなりますが、剛性が高いのが特徴です。 ・負荷できるラジアル荷重は大きいですが一方向からしかアキシアル荷重を受けることができないため、2つの軸受を組み合わせて対応することが必要です。

ころ軸受の方が高い負荷能力があるので、いろいろと使えそうですが・・・。

ころ軸受は最終出力に近い部分、車なら車軸とか
球軸受は動力発生部分に近い部分、車ならエンジンやトランスミッション付近に向いているなあ。けれどコスト高になるのが弱点なんだ。

2）代表的な転がり軸受について

① 深溝玉軸受

軌道輪の中心にある半円状の溝が転動体を支えることからラジアル荷重とアキシアル荷重の両方を受けることができます。また摩擦トルクが少なく高速回転、低振動、低騒音を要求される用途に適しています（**図3-7**）。

深溝玉軸受には、転動体がむき出しになった状態で回転する開放型と、転動体側面を鋼製のカバーで覆った密閉型があります。また密閉型には、鋼製のカバー（シールド）で覆っただけのシールド形と、シールドの内輪側にゴムシールを付けたシール形があります。

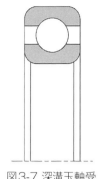

図3-7 深溝玉軸受

・シールド形

シールドと内輪の間にはすき間があり、ラビリンス構造という複雑な形状で、外部からの異物の侵入を防ぐと共に内部からの油の流出を防いでいます。またシールドと内輪が接触していないことから、開放型と同等の高速回転で使用が可能となります。

・シール形

シールドと内輪の間を埋めるためのゴムシールが付いています。シールと内輪が非接触のものを非接触形、シールと内輪が接触しているものを接触形、シールと内輪が接触しているものの接触力を低下させたものを低トルク形の3種類としています。シール形はシールド形よりも密閉性が増すことから、異物の侵入に加え浸水も防ぐことができるため、防水性も確保することができます。しかし接触タイプでは内輪とシールの接触による摩擦トルクが発生し、回転トルクが大きくなります（**表3-3**）。

表3-3 深溝玉軸受の密閉形について

シールタイプ	シールド形	シール形		
	非接触形	非接触形	接触形	低トルク形
構造				
摩擦トルク	小	小	やや大	中
防塵性	良好	シールドより良好	最も優れる	非接触形より優れる
防水性	不適	不適	極めて良好	良好

② アンギュラ玉軸受

深溝玉軸受に比べて軌道輪の溝に傾きがあり、その傾きによりアキシアル荷重を大きく受けることができる軸受です。

・接触角とアキシアル荷重方向について

軌道輪の溝の傾きにより転動体（玉）との接触位置に傾きが生じます。この傾きを接触角といい、接触角の傾き線が交差する位置を作用点といいます（図3-8）。接触角により作用点から軸受に向かって来る方向のアキシアル荷重（F_a）を受けることができます。この作用点を利用することで、軸受の荷重点を外に出したり、内に入れたりすることができ、軸剛性を調整することができます。

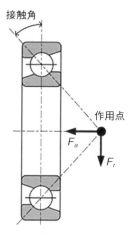

図3-8 接触角について

・接触角の傾きと性能について

接触角は基本的に15°、30°、40°の3種類となっています。接触角が大きくなるほど転動体の側面で力を受けることができ、アキシアル荷重をより大きく受けることができます。また接触角が小さくなるほど許容回転速度が大きくなります。

・組合せによるモーメント荷重への対応

単体では受けるアキシアル荷重の方向は一方向しか対応できないことから、2個の軸受を組合せて使用します。組合せの方向には背面組合せと正面組合せの2種類があり、背面組合せではそれぞれの作用点が外側に向くことから作用点間が大きくなり、モーメント負荷能力も大きくなります（表3-4）。

表3-4 アンギュラ玉軸受組合せと性能

組合せ形式	背面組合せ （記号:DB）	正面組合せ （記号:DF）
構造		
作用点間距離（L）	大きい	小さい
モーメント負荷能力	大	小
許容傾き角	大きい	大きい

③ 円筒ころ軸受

転動体にころを使った軸受で転動体と軌道輪とが線接触になることから接触面積が大きくなります。そのため負荷能力が向上し、より大きいラジアル荷重を受けることができます。

深溝玉軸受でいう「軌道輪の溝」は軌道輪の立ち上がった「つば」になり、つばの位置によって受けることができる荷重の向きが異なったり、分離構造にできたりなどの特徴を持ちます。

・内輪または外輪のどちらかに両側つば付きの軌道輪がある場合（NU形やN形）

内輪、外輪のどちらかはアキシアル荷重を受けるためのつばがないため、アキシアル荷重を全く受けることができません。しかし、つばがない方の軌道輪は自由に動くことができるため、軸配列の自由側に最も適した形式として広く使用されています。また分離も可能なため、内輪または外輪を圧入などにした場合でも、分離することで固定部品の脱着を可能とします。

・内輪と外輪が両つばと片つばの組合せの場合（NJ形やNF形）

例えば外輪が両つばで内輪が片つばの場合、片つばで軌道輪を支え荷重を受けることができるため、片方向のアキシアル荷重を受けることができます。アンギュラ玉軸受のように左右の組合せで使用することにより、両方向のアキシアル荷重を受けることができます。

・内輪と外輪が両つばの場合（NUP形やNH形）

片つばの軌道輪につば輪やL形つば輪を組み合わせることで両つば状態となることから、両側からのアキシアル荷重を受けることができます（**表3-5**）。

表3-5 円筒ころ軸受の種類

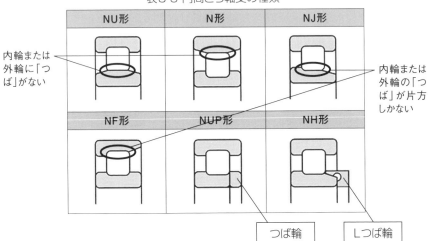

④ スラスト軸受

これまでに紹介してきました軸受は負荷のかかる軸を抑えるために使用する軸受でした。スラスト軸受は軸で連結する2つの物体がそれぞれ回転方向に動く場合の摩擦を軽減するために使用します。例えばキャスターの足など（**図3-9**）がわかりやすい部分ですが、自動車の動力伝達部などの高速回転部分にも使用されます。

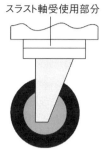

スラスト軸受使用部分

図3-9 キャスター

・スラスト玉軸受

深溝玉軸受のように軌道輪にあたる軌道盤に転動体が動くための溝があり、アキシアル荷重を受けるような構造になっています。主に高速回転時のアキシアル荷重を受ける用途に使用されます。

・スラストころ軸受

転動体にころを使用しており、スラスト玉軸受よりも大きなアキシアル荷重を受けることができます。しかし高速回転を受けることはできないため、大型望遠鏡の回転部分や建設機械の旋回部分などに使用されています。

表3-6 スラスト軸受の形式と特徴

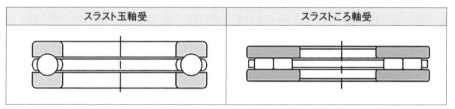

スラスト玉軸受	スラストころ軸受

設計目線で見る「スラスト軸受の向きについて」

スラスト軸受はハウジングに接する面と軸と接する面で向きが異なります。設計の際に注意が必要です（**図3-10**）。

・内径が小さい方（d_1）を軸軌道盤
　（軸と接する面）
・内径が大きい方（d_2）をハウジング軌道盤
　（ハウジングと接する面）

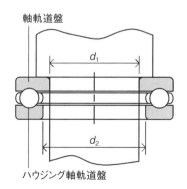

軸軌道盤

d_1

d_2

ハウジング軸軌道盤

図3-10 スラスト軸受の向き

4）転がり軸受けの潤滑

　転がり軸受は軌道輪の上を転動体が円滑に回転することで低摩擦を実現しています。そのためには軌道輪や転動体の表面に油膜を形成し、直接接触を防ぐための潤滑が必要です。転がり軸受における潤滑の効果は以下の通りです。

・摩擦や摩耗の軽減
・材料の疲労による強度低下を防ぐ
・回転中に発生する熱の排出や冷却
・錆などの腐食防止
・異物侵入防止

　潤滑の方法にはグリース潤滑と油潤滑があります。それぞれの潤滑方法の特徴を確認していきます。

① グリース潤滑
ⅰ）グリース潤滑の概要

　グリースとはベースとなる鉱物油や合成油などの基油に増ちょう剤を配合し、半固体（ペースト状）の状態にして添加剤（酸化防止剤、極圧添加剤、錆止め剤など）を加えたものをいいます。粘度があることから部品に塗布しても油膜を形成しとどまることができるため、管理がしやすいのが特徴です。転がり軸受には密閉型と開放型があり、それぞれの使用方法の中でメリット、デメリットがあります。

・密閉形軸受として使用：グリースを充填し密閉、交換しない
　メリット：回転時のグリースの飛散がなく減らない。
　デメリット：グリースの寿命が軸受の寿命を左右する。
・開放形軸受として使用：グリースを充填、一定期間で補給または交換
　メリット：グリース交換が可能なためグリースの劣化が寿命を左右しない。
　デメリット：グリースの飛散により定期的な補給を必要とする。

設計目線でみる「軸受使用環境の注意」

　設計時には軸受を使用する製品の仕様書に記載される使用環境温度で設計することになりますが、非常時に周囲部品の発熱で軸受も温度上昇することがあります。その場合、軸受内部のグリースも高温になり分離による流れ出しや性能劣化することがあるため、周囲で発生する熱源などの影響にも注意が必要です。

開放形軸受ってあまり見ることがないですが・・・。

開放形も多く使用されているが異物侵入を防ぐ目的でカバーされたところで使用されることが多いんだ。

ⅱ）グリースの充填および補給、交換

　グリースの充填量は軸受の大きさにより異なるのはもちろんのこと、ハウジング設計、空間容量、軸回転速度やグリースの種類によっても異なります。充填量が多すぎると摩擦による温度上昇が大きくなり、粘度が低下して漏れ出したり、化学的な劣化により性能低下します。封入の目安量を参考にして、充填後耐久試験などで軸受性能を確認しながら調整することが必要です。

・封入の目安量
　軸受空間容積に対して30～40％
　ハウジングの空間容積に対して30～60％
（※ただし、回転速度が高い場合や温度上昇を低く抑えたいときは少なくします。）

φ(@°▽°@)　メモメモ

軸受内の空間容量の算出

　軸受内の空間は軸受の構造により変わります。そのため、軸受の質量から計算できるよう軸受の種類により設けられた係数「軸受空間係数」がありますので参考にしてください（表3-7）。

★軸受内の空間容量に算出式

$$V = K \cdot W$$

V：開放形軸受の
　　空間容積（cm³）
　　（概略値）
K：軸受空間係数
W：軸受の質量（kg）

表3-7 軸受空間係数（K）

軸受形式	保持器形式	K
深溝玉軸受	打ち抜き保持器	61
NU形円筒ころ軸受	打ち抜き保持器 もみ抜き保持器	50 36
N形円筒ころ軸受	打ち抜き保持器 もみ抜き保持器	55 37
円すいころ軸受	打ち抜き保持器	46
自動調心ころ軸受	打ち抜き保持器 もみ抜き保持器	35 28

ⅲ）グリースの補給または交換の時期

　開放形軸受の場合、グリースの使用時間の経過とともに、酸化や分離による劣化の発生や動作中の摩耗により発生する摩耗粉により汚れるため、定期的な交換が必要です。また、高温や分離によるグリースの流れ出しによりグリース量の変化があることから、定期的にグリース量を確認して不足分の補充が必要になります。

　新たな装置への軸受採用や使用環境の変化が生じる場合には、環境試験や耐久試験を実施することでグリース量の変化を実際に確認して、設計に反映することが必要です。

② 油潤滑

　油潤滑は軸受内部転がり部分の潤滑を容易にし、グリースに比べて粘度が低いことから、軸受から発生する熱量または外部からくる熱量を排除する役割を持っています。潤滑方法には低粘度の性質を生かした内容で、主に8種類の潤滑方式があります。

ⅰ）油潤滑の種類

・油浴潤滑（オイルバス方式）

　軸受の一部が浸るぐらいの油を充填して回転により油を行きわたらせることで潤滑する方式です。油量の目安は軸を水平方向で使用する場合で停止時転動体最下部の中心程度、軸を垂直方向で使用する場合、低速時転動体の50〜80％になります。

・飛沫給油

　軸に油跳ね上げ用の羽根を取り付け、回転により油を飛沫状にしてユニット内に行きわたらせる潤滑方式です。高速になるほど巻き上げる能力が向上するので、高速回転での使用に適しています。

・滴下給油

　軸受上部のオイラという油さしで油滴を回転体に衝突させることで霧状にし、軸受内部に入るようにする潤滑方式です。比較的高速で中荷重以下の場合に使用します。

・循環給油

　軸受の冷却や給油部位が多い場合に使用し、一度潤滑した油を浄化しながら再度潤滑に使用する方式です。

・ディスク給油

　軸に取付けたディスクの一部を油面に浸し、跳ね上げられた油が軸受を潤滑する方式です。

・噴霧潤滑（オイルミスト潤滑）

　圧縮空気により油を霧状にして潤滑する方式です。潤滑油の抵抗が小さいので高速回転に適しています。

・エアオイル潤滑

　必要最小限の潤滑油を軸受ごとに最適間隔で圧縮空気を使って給油する方式です。常に新しい油を連続的に給油し、さらに圧縮空気の冷却効果もあり、軸受の温度上昇を防ぎます。

・ジェット潤滑

　軸受の側面から潤滑油を高速噴射させる方式で、高速・高温など過酷な条件での信頼性が高く、ジェットエンジンやガスタービンなどの主軸受などに使用されています。

ⅱ）潤滑油の選定

「使用温度」や「回転速度」、「負荷」などの条件により選定します。

・使用温度による油の種類選定

＜通常温度での使用＞

スピンドル油、マシン油、タービン油などの「鉱油」を使用します。

＜150℃以上の高温または-30℃以下の低温での使用＞

ジエステル油、シリコーン油、フロロカーボン油などの「合成油」を使用します。

・回転速度や負荷による油の粘度選定

粘度が低い：油膜形成が不十分になる・・・・回転速度が高い場合に向いている

粘度が高い：温度上昇、摩擦損失が増大・・・負荷が高い場合に向いている。

ⅲ）給油量

油潤滑の主な目的は「油膜形成による摩擦低減」と「放熱」があります。そのため、給油量は軸回転時における温度上昇に大きく影響します。給油量については、以下の計算式で算出することができます。ハウジングの形状により放散熱量は異なるので、実運転にあたっては計算値を目安にして実情に適した量に持っていくのが安全です。

＜給油量算出式＞

$$Q = K \cdot q$$

Q：軸受1個当たりの給油量（cm³/min）
K：油の許容温度上昇によって定まる係数
q：線図により求まる給油量（cm³/min）

★交換限度

油の交換限度は使用条件や油量および潤滑油の種類などで異なりますが、以下を目安にしてください。

・油温が50℃以下で使用される場合には、1年毎

・油温が80～100℃になる場合には少なくとも3か月毎

油潤滑は摩擦低減と共に温度上昇防止などもできて、非常に効果が高い潤滑方式なんですね！

自動車のエンジンオイルなどもそうだが、粘度が低いため、交換作業性が良く長期使用する機械製品に向いているんだ！

3-1-3 　すべり軸受の分類と特徴

1）すべり軸受の構造と基礎知識

① すべり軸受の構造

　すべり軸受は転がり軸受とは違い、構成部品は1つになっています。そのため、非常にシンプルで設置スペースを必要としないのが特徴です（**図3-11**）。

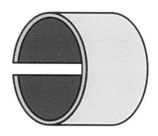

図3-11 真円すべり軸受

　滑り軸受は見た目では1つの構造部品になっていますが、求められる性能により一層構造から二層、三層となります。（**図3-12**）

・**一層構造**

　軸受合金や樹脂などの軸受材料のみの構造です。

・**二層構造**

　軸受材料の耐疲労性や耐荷重性を補う目的で外周に補強材料である裏金をつけ、二層構造にした構造です。

・**三層構造**

　軸受材料のなじみ性や耐食性、埋収性などの性質を向上させるため表面にオーバーレイ（すずなどのめっき）を施した構造です。

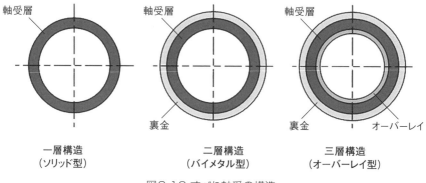

図3-12 すべり軸受の構造

②すべり軸受の種類

すべり軸受は「真円軸受」が一般的ですが、高速回転時に発生する軸振れにより軸が軸受に接触する「オイルホイップ」という現象を回避するため、他に3種類のすべり軸受が存在します（**表3-8**）。

表3-8 すべり軸受の種類

真円軸受	
軸に合わせた「真円」の形状になっており、内径が軸の径に合わせた寸法になっています。摩擦低減の方法として軸と軸受の間に油膜の層を作り、軸と軸受が直接接触しないようにして摩擦を低減する流体潤滑や、潤滑剤を染み込ませた合金や樹脂を使用する無潤滑があります。流体潤滑では高速回転することで軸受と軸との間にある潤滑剤が不安定になり、軸振れを発生させることにより、軸が軸受と接触するなどして摩擦による摩耗や高温発生の要因となります。	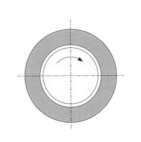
浮動ブッシュ軸受	
軸と軸受とのすき間内で自由に回転できるブッシュを持ちます。ブッシュ内外の二重の油膜により支えられ、主にターボチャージャのタービン軸受などに使用されます。	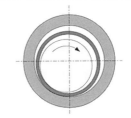
多円弧軸受	
2つまたはそれ以上のくさび油膜が全周に発生するように、複数の円筒内面を持ちます。主にレーザースキャナモータやCDやハードディスクドライブ用スピンドルモータに使用されます。	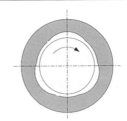
ティルティングパッド軸受	
油膜圧力の作用の下で、ジャーナルに対して自由に傾くことができる複数のパッドからなる軸受です。高速での振動安定性に優れるため、ターボ圧縮機などの高速回転機械に使用されます。	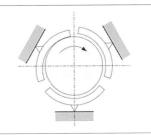

③ 潤滑状態と軸受分類および適用例について

すべり軸受は軸と軸受表面との「潤滑」状態により4つに分類されます（図3-13）。

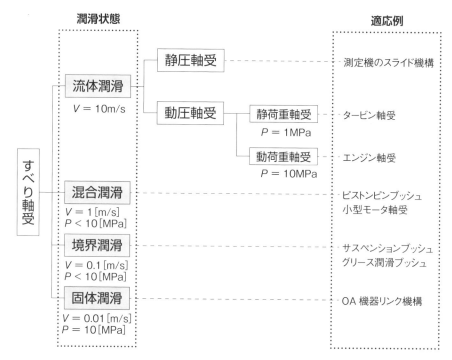

P：接触面圧　　V：軸回転速度　　〔出典：5ISO4378-1:1997,ISO4378-3:1997〕

図3-13 すべり軸受の潤滑状態ごとの適用例

分類の中で取り上げている静圧軸受と動圧軸受は以下のような軸受になります。

ⅰ）静圧軸受とは

軸受内部に空気や油などを強制的に送り込み軸と軸受の間にすきまを作ることで摩擦を低減する軸受です。

ⅱ）動圧軸受とは

軸受内部に潤滑油を入れて軸を回転させることで軸と軸受の間に油が入り込み、油膜を作ることで摩擦を低減する軸受です。

④ 潤滑状態について

　すべり軸受は軸を軸受との摩擦だけの関係で保持しており、軸受の摩擦による摩耗を防止するために潤滑が必要となります。潤滑には4つの状態が存在しており、それぞれにおいて軸の回転速度や接触面圧に注意する必要があります（**表3-9**）。また、それぞれの潤滑状態により摩擦係数は変化しており、その変化を示したものを「ストライベック曲線」といいます。

表3-9 潤滑タイプについて

流体潤滑 　軸と軸受のすき間には十分な「潤滑油膜」が存在しており、直接接触しない状態で軸を支持します。そのため、摩擦が発生しないことから軸受の摩耗もなく、長期間の使用が可能になります。一般に軸の回転速度の制限はないですが、油膜中の最高圧力、油膜中の最高温度、最小油膜厚さに注意する必要があります。	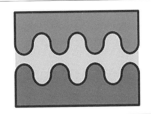
混合潤滑 　摺動面の凹凸を覆う程度の油膜が存在している状態であり、軸と軸受の凹凸部先端は接触している状態になります。そのため、軸回転状態では一部の接触があることから、接触面圧と軸回転速度を確認し、摩耗の発生や焼付きに注意する必要があります。	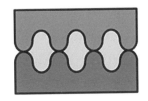
境界潤滑 　混合潤滑の状態からさらに潤滑剤が減ったイメージです。軸と軸受は完全に個体接触していることから、軸回転状態では接触面圧と軸回転速度を確認し、摩耗の発生や焼付きに注意する必要があります。	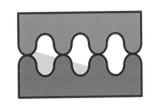
固体潤滑（無潤滑） 　潤滑剤がまったくない乾燥状態で軸と軸受が接触している状態です。軸と軸受の接触面圧と軸回転速度に注意が必要で、特に軸回転速度を抑えることで軸受摩耗を管理します。	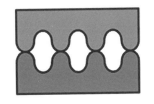

φ(@°▽°@) メモメモ

ストライベック曲線

　滑り面に潤滑油が存在する場合、摩擦係数が滑り速度、荷重、潤滑油粘度などによって、どのように変化するか示したものです。

　ドイツ中央技術科学調査局長であったリチャード・ストライベックが考案したことから名前が付けられました。すべりおよび転がり軸受の摩擦に関し広範囲にわたる運転条件変数となる負荷（荷重）と速度、潤滑油温度による摩擦係数を測定、潤滑油の温度依存性が入らないように計算し直し、まとめたものです。

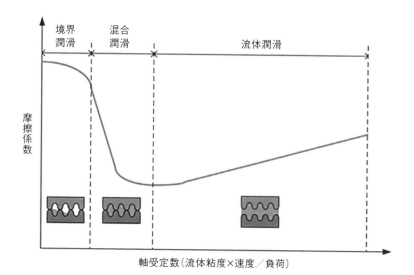

図3-14 ストライベック曲線

　軸受定数は同じ粘度の油と負荷であれば、軸の回転速度の上昇により上昇します。摩擦係数は境界潤滑から混合潤滑、流体潤滑に移行することで低下しますが、流体潤滑内では軸受定数の上昇に伴い摩擦係数も上昇します。これは軸の回転速度上昇により、潤滑油と軸の摩擦が上昇することによる影響と考えられます。

2) すべり軸受の代表的な材料

軸受の材料は、金属系と樹脂系の2つに分類されます。すべり軸受は大規模な装置で給油しながら軸が回転する「流体潤滑」や「混合潤滑」で使用することがありますが、家電や事務用機器などは定期的に注油する「境界潤滑」やほぼ給油をしない「固体潤滑（無潤滑）状態で使用することを想定して、軸受材料を選定することがほとんどです。

以下に、境界潤滑や固体潤滑下で使用することを想定した代表的な軸受材料を示します。

① 金属系すべり軸受

耐摩耗性の高い材料を選定すると共に材料自体に潤滑剤を含浸させたり、軸受に無数の穴を空けて潤滑剤を穴に封入することで、自己潤滑性を高め無潤滑下でも摩擦低減を可能としています。また、めっき処理により耐腐食性を向上させています。

② 樹脂系すべり軸受

強度や耐熱性を向上させたエンジニアリングプラスチックの発展により、電気製品や自動車分野などで小型軽量化を実現するために、非常に多く使われています。材料には摩擦係数が低いPTFEを使用したり、その他耐熱性の高いポリアセタール（POM）やポリフェニレンサルファイド（PPS）、ポリエーテルエーテルケトンナイロン（PEEK）樹脂については、親油性樹脂や特殊充填剤を含有させることにより摩擦係数を下げることで無潤滑状態での使用を可能としています。樹脂単体では強度が低いことから、軸受の外周に裏金を付けることでPV値の向上を図っています。

表3-10 すべり軸受材料の一覧

区分		合金系	特徴および用途
金属系	ホワイトメタル（軸受材）	Sn（スズ）基 Pb（鉛）基	・金属系の中でも最も順応性に優れる ・耐疲労性、耐高温性が低い
	銅系合金	銅-鉛合金 鉛-青銅合金	・高い耐疲労性を有する ・鉛-青銅系は耐摩耗性に優れる
	アルミニウム合金	Al-Sn合金 Al-Sn-Si合金 Al-Zn合金	・ホワイトメタルの代替から高面圧に適用可 ・耐摩耗性、耐腐食性に優れる
	めっき（表面層）	Pb（鉛）系 Sn（スズ）系	・各種合金表面上に被覆し耐腐食性を改善 ・厚さは約20μm
樹脂系	ソリッド	PTFE系、POM系 PPS系、PEEK系	・PTFE系は無潤滑で使用可（他は潤滑剤要） ・耐熱性はPOM、PSS、PEEKの順に高い
	裏金付き	PTFE系、POM系 PEEK系	・ソリッドに比べ高PVに耐える ・熱伝導性が良い

3) すべり軸受荷重の名称

　すべり軸受も転がり軸受と同様に「荷重の受ける向き」が存在します。また、軸受にかかる荷重ごとに軸受の種類が存在します。

① ラジアル荷重

　軸受で受ける軸の中心線に対し垂直方向にかかる荷重をいいます（**図3-15**）。

ラジアル荷重

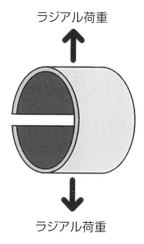

ラジアル荷重

図3-15 すべり軸受のラジアル荷重方向

② アキシアル荷重

　軸受で受ける軸の中心線に対し平行方向にかかる荷重をいいます（**図3-16**）。

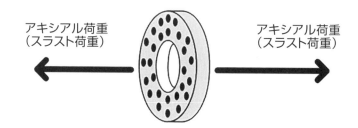

図3-16 すべり軸受のアキシアル荷重方向

第3章	2	# カタログ選定時でも役立つ軸受を活用した設計のパラメータの意味

　軸受を使った設計をする場合みなさんはどのような順序で設計していますか？

①他の部品の構成を決めてから残されたスペースへ組み込める軸受を選定

　⇒選定した軸受が軸にかかる荷重に耐えうるものなのかを確認！

②軸にかかる荷重を見極めてから荷重に耐えうる軸受を選定

　⇒選定した軸受が設置するスペースに組み込めるのかを確認

　①②どちらから検討するにしても大切になるのが「カタログからの軸受選定手法」です。カタログに記載されるパラメータの意味を正確に理解することで、最適な軸受を選定することができます（図3-17）。

図3-17 軸受検討の順序

いろいろなメーカーから性能の良い軸受がいっぱい出てきていますが、どうやって選定するのか・・・。

そうなんだ、カタログに記載されている数値をしっかりと理解し選定することが重要だ。記載されている数値を説明していくから理解しよう！

3-2-1 | 転がり軸受を活用した設計

1）転がり軸受を活用した設計手順 （図3-18）

① 軸受形式の決定

　軸受を実装する装置の使用条件から、軸受が受ける荷重方向や荷重の大きさを確認し、軸受形式を決定します。詳細なサイズ決定などは次の項で決定しますが、荷重の特性から特殊な軸受で設計するのか、標準的な軸受を組合せて設計するのかなど、設計の方針を立てることが必要です。

② 軸受サイズの決定

　詳細な荷重条件や許容回転数、実装するスペースについて確認し実際に適用できる軸受のサイズを決定します。また実際に選定した軸受サイズが製品寿命まで動作可能であるか、寿命の予測についても検討します。

③ 実装方法の決定

　軸受は実装する際に温度による軸の伸びや、軸やハウジングの製作誤差を吸収するための、軸受の配列検討が必要となります。また軸回転時の荷重方向により、軸受実装時の適切なはめあい検討が必要です。

　軸受を活用する際、メーカーのカタログから選定するための手順は、以下の通りです。

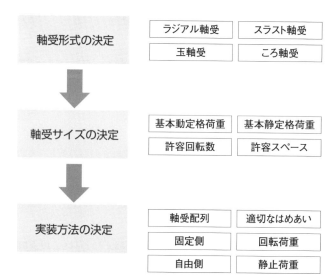

図3-18 転がり軸受設計手順

2) 軸受選定時の検討事項とパラメータについて

① 軸受への荷重のバランス

　回転軸を軸受で支持する場合、2点で支持することになります。その場合、軸のどの部分に荷重が負荷されるかにより軸受にかかる荷重は異なってきます。それぞれの軸受に係る荷重配分について説明します。

ⅰ）荷重点が軸受間の内側にある場合

　2つの軸受の内側で荷重を受ける場合は、荷重点が一方の軸受に近づくほどその軸受の負担が大きくなることがわかります（**図3-19**）。

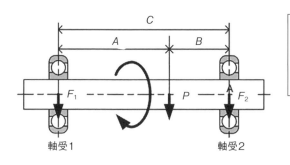

$$F_1 = \frac{B}{C}\,P$$

$$F_2 = \frac{A}{C}\,P$$

P：荷重
F_1：軸受1に掛かる荷重
F_2：軸受2に掛かる荷重

図3-19 軸受間の内側に荷重点がある場合

ⅱ）荷重点が軸受間の外側にある場合

　2つの軸受の外側で荷重を受ける場合は、軸受間距離 C を広く取り、荷重点側の軸受からの出代 D を小さくすることで、軸受にかかる負担は小さくなります。また、軸受1と軸受2の受ける反力（F_1、F_2）が逆向きになることも特徴です（**図3-20**）。

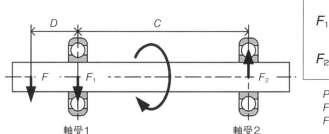

$$F_1 = \frac{D+C}{C}\,P$$

$$F_2 = \frac{D}{C}\,P$$

P：荷重
F_1：軸受1に掛かる荷重
F_2：軸受2に掛かる荷重

図3-20 軸受間の外側に荷重点がある場合

② 動等価荷重

転がり軸受には一方からのみ荷重がかかることは珍しく大抵の場合はラジアル荷重とアキシアル荷重の両方が同時に負荷されます。この場合、それぞれの軸受にかかる荷重を計算するのではなく、アキシアル荷重をラジアル荷重に変換し、同時に負荷される仮想負荷として計算します。このような考え方を動等価荷重といいます。

<動等価荷重算出式>

$$P_r = XF_r + YF_a$$

P_r ：動等価ラジアル荷重（N｛kgf｝）
F_r ：ラジアル荷重（N｛kgf｝）
F_a ：アキシアル荷重（N｛kgf｝）
X ：ラジアル荷重係数
Y ：アキシアル荷重係数

ラジアル荷重係数、アキシアル荷重係数は、メーカーカタログから使用する軸受に該当するf_0（係数）、C_{0r}（基本静定格荷重）を参照し（**図3-21**）、アキシアル荷重係数と共に計算した数値から選択します（**図3-22**）。

d 10〜20 mm

主要寸法					基本動定格荷重	基本静定格荷重	疲労限荷重	係数
mm					kN	kN		
d	D	B	$r_{s\,min}$ 1)	r_{NS} 最小	C_r	C_{0r}	C_u	f_0
10	15	3	0.1	—	0.950	0.435	0.018	15.7
	19	5	0.3	—	2.03	0.925	0.072	14.8
	22	6	0.3	0.3	2.99	1.27	0.099	14.0
	26	8	0.3	—	5.05	1.96	0.138	12.4
	30	9	0.6	0.5	5.65	2.39	0.182	13.2
	35	11	0.6	0.5	9.10	3.50	0.273	11.4

〔出典：NTNカタログ〕

図3-21 算出係数について

動等価ラジアル荷重

$$P_r = XF_r + YF_a$$

$\dfrac{f_0 \cdot F_a}{C_{0r}}$	e	$\dfrac{F_a}{F_r} \le e$		$\dfrac{F_a}{F_r} > e$	
		X	Y	X	Y
0.172	0.19				2.30
0.345	0.22				1.99
0.689	0.26				1.71
1.03	0.28				1.55
1.38	0.30	1	0	0.56	1.45
2.07	0.34				1.31
3.45	0.38				1.15
5.17	0.42				1.04
6.89	0.44				1.00

〔出典：NTNカタログ〕

図3-22 動等価ラジアル荷重

結局のところ、算出した結果が本当に合っているのかが不安になりますよね・・・。

基本定格寿命は、製品ごとに目安の時間が参考で定められているぞ！一覧表を記載するから計算値と照らし合わせて、設計の妥当性を確認しよう！

③ 転がり軸受の寿命検討について

　転がり軸受を選定する際に最も重要な要因の1つに「軸受寿命」が挙げられます。軸受寿命は実装する機械に要求される機能によりさまざまな寿命が考えられます。

・疲労寿命：軌道輪の上を荷重を受けた転動体が通過することによる金属疲労により、軌道輪の表面が剥離するフレーキング発生となる寿命
・潤滑寿命：潤滑油が経年や化学的に劣化して本来の性能が低下することにより発生する、焼付きなどの寿命
・音響寿命：劣化や変形などにより、回転時に音が増大することによる寿命
・摩耗寿命：軸受の軌道輪と転動体の摩耗やハウジングと軸とのはめあい部分の摩耗により、軸受機能に支障をきたす寿命
・精度寿命：転動体や軌道輪の劣化による変形などに伴い、軸精度が保てなくなり使用不能となる寿命

　これらの寿命のうち、「疲労寿命」を一般的には軸受寿命として扱っています。

　疲労寿命は統計学的な考え方で計算することができ、求められる寿命を「基本定格寿命」といいます。

ｉ）基本定格寿命

　同じ型式の軸受を複数個（100個として）同じ条件（荷重や試験環境）で一斉に回転させたとき、その90％（90個）が転がり疲労による転動面剥離（フレーキング）を発生させることなく回転できる回転数または回転時間をいいます。

ⅱ）基本動定格荷重

　100万回転で基本定格寿命を全うできる一定の荷重のことをいいます。これは設計上の理論値であり、メーカーでの試験で確実に合格できる数値として、メーカーのカタログに記載されています（図3-23）。

d 10～20 mm

主　要　寸　法					基本動定格荷重	基本静定格荷重	疲労限荷重	係数
mm					kN		kN	
d	*D*	*B*	*r*s min 1)	*r*NS 最小	*C*r	*C*0r	*C*u	*f*0
	15	3	0.1	—	0.950	0.435	0.018	15.7
	19	5	0.3	—	2.03	0.925	0.072	14.8
10	22	6	0.3	0.3	2.99	1.27	0.099	14.0

〔出典：NTNカタログ〕

図3-23 基本動定格荷重について

100万回転まではメーカーで保証しているってことなんですか？

100万回転を基準として設計しているってことで、それ以上については軸受にかかる荷重を設定して自分で計算して求めるんだ！次に説明するぞ！！

ⅲ）基本定格寿命の算出

　メーカーがカタログに掲載している基本動定格荷重から、実際に使用する負荷で
どれだけの寿命となるか算出する方法を示します。基本定格寿命の算出は、「回転数」
と「回転時間」でそれぞれの算出方法があります。通常、寿命が全うできるかどう
かは「回転時間」で比較します。

・基本定格寿命（回転数）：L_{10}（100 万回転）で示します。

$$L_{10} = \left(\frac{C}{P}\right)^p$$

> 同一運転条件で同形式の軸受を複数回転させた
> 際、そのうちの90%が不具合を起こすことなく回
> 転できる総回転数

・基本定格寿命（回転時間）：L_{10h}（時間）で示します。

$$L_{10h} = \frac{10^6}{60n}\left(\frac{C}{P}\right)^p$$

> 同一運転条件で同形式の軸受を複数回転させた
> 際、そのうちの90%が一定回転速度で不具合を
> 起こすことなく回転できる総回転時間

＜算出式のパラメータについて＞

　　C　：基本動定格荷重(N)
　　Cr　：ラジアル軸受
　　Ca　：スラスト軸受
　　P　：軸受荷重（動等価荷重）(N)
　　n　：回転速度(rpm)
　　p　：玉軸受ではp=3
　　　　　ころ軸受ではp=10/3

「動等価荷重」ってラジアル軸受と
スラスト軸受に分かれていますが、
「両方向からかかる荷重」に対して
はどのように考えるですか？！

その場合は、2つの荷重を1つの
ラジアル荷重に換算して動等価荷
重として計算するんだ。

使用機械と必要寿命時間

　基本定格寿命（回転時間）は使用する機械とその使用頻度などにより、一般的な時間が定められています。実際に計算した数値が妥当なのかを確認する指標として使用するとよいです。

表3-11　使用機械と必要寿命時間（参考）

使用区分	使用機械と必要寿命時間　L_{10h}（時間）				
	～4000	4000～12000	12000～30000	30000～60000	60000～
短期間、またはときどき使用される機械	家庭用電気機器 電動工具	農業機械 事務機械			
短期間、またはときどきしか使用されないが、確実な運転を必要とする機械	医療機器 計器	家庭用エアコン 建設機械 エレベーター クレーン	クレーン （ジープ）		
常時ではないが長時間運転される機械	乗用車 二輪車	小形モータ バス・トラック 一般歯車装置 木工機械	工作機械スピンドル 工業用汎用モータ クラッシャ 振動スクリーン	重要な歯車装置 ゴム・プラスチック用カレンダロール 輪転印刷機	
常時1日8時間以上運転される機械		圧延機ロールネック エスカレータ コンベア 遠心分離機	客車・貨車 （車軸） 空調設備 大形モータ コンプレッサ・ポンプ	機関車（車軸） トラクションモータ 鉱山ホイスト プレスフライホイール	パルプ・製紙機械 舶用推進装置
1日24時間運転され、事故による停止が許されない機械					水道設備 鉱山廃水・換気設備 発電所設備

かなり細かく寿命時間の参考値が決められているんですね！

環境や重要性などにより参考として決められているが、大切なのは機械製品に求められる目的をしっかりと理解しその中で目標寿命を自分たちで決定することなんだ！

設計目線で見る「軸受のズレ防止のための配列」

　軸を固定する場合には軸が受けるラジアル方向、アキシアル方向の荷重を2個の軸受で支えていますが、温度変化による収縮や取付誤差により軸受の位置が左右にずれることがあることから、軸受が自由に動けるようにするためのすき間を設けるような設計をすることが考えられます。しかし軸受が自由に動いてしまうと、回転中にハウジングとぶつかりながら動くなど、異音の原因となることから、アキシアル方向のずれを考慮しつつハウジングとの衝突に対応できるような軸受の配列が必要となります（**図3-24**）。

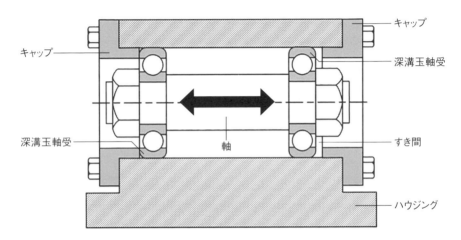

図3-24 固定側と自由側を区別しない場合の取付け

【状態】
・左右の軸受は軸と一体になるよう固定されている。
・軸の収縮や軸受の取付誤差を考慮し左右の軸受にガタを作りアキシャル方向に固定されない状態になっている。

↓

【問題点】回転中にアキシアル荷重を受けることで軸と軸受が左右に動く
　　　　　⇒キャップとぶつかりながら回転するため「異音の原因」となる。
　　　　　⇒左右方向の位置精度も確保できない。

↓

左右どちらかの軸受を固定して、軸が動かないようにする必要がある！

片方の軸受を固定しながらもアキシアル荷重を受ける際の、軸の動きを止める方法なんてあるんですか！

軸が受ける荷重の大きさと軸受の特性を理解すれば、組合せだけで対策することができるんだ！

左右どちらかの軸受を固定しながらも片側の軸受が動けるような軸受配列ができれば、前述のような問題を対策できます。このような配列の軸受を「固定側軸受」と「自由側軸受」といいます。

・固定側軸受
　軸またはハウジングに対してアキシアル方向の動きを固定し基準となる軸受をいいます。
・自由側軸受
　軸の全体ばらつきに対し、自由に動くことができる軸受をいいます。
　これによる対策方法は2種類あります。

① 2つの深溝玉軸受を使う場合の構造 （図3-25）

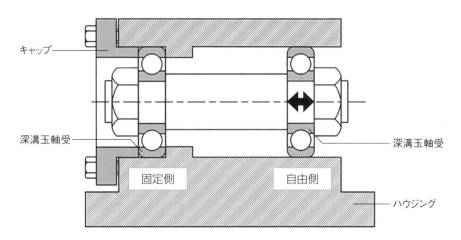

図3-25 自由側をハウジングと固定させない構造

【軸受の状態】
・固定側：キャップとハウジングの段付きで固定し、ラジアル荷重とアキシアル荷重の両方を受ける。
・自由側：アキシアル方向は固定はしない。
↓
自由側軸受自体を左右に動けるようにして、軸の伸縮や取付誤差を吸収

---

② 深溝玉軸受と円筒ころ軸受を組み合わせた構造（図3-26）

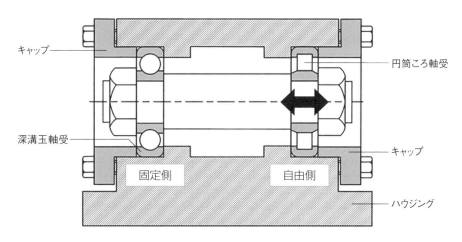

図3-26 軸受の種類を変えて両側をハウジング固定する構造

【軸受の状態】
・固定側：キャップとハウジングの段付きで固定し、ラジアル荷重とアキシアル荷重の両方を受ける。
・自由側：円筒ころ軸受のころと内輪（または外輪）が滑る構造のため、アキシアル方向の軸の伸縮や取付誤差を吸収できるラジアル荷重のみ受ける。
↓
自由側軸受の内部構造で軸の伸縮や取付誤差を吸収

設計目線で見る「適切なはめあいの確保」

　クリープなどの不具合を防止するために、軸受回転時に内輪や外輪が受ける荷重の種類を正確に把握して、組立時の適切なはめあいを検討する必要があります。軸受回転時に受ける荷重の種類には2種類あります。

・**内輪 静止荷重または外輪 静止荷重とは**
　「回転体の周上におもりを付けておもり自体も回転するような荷重」をいいます。
・内輪 静止荷重は内輪と接する軸に静止した状態のおもりが付く場合。
・外輪 静止荷重は外輪と接する回転体に静止した状態のおもりが付く点の変化
　静止荷重とは、おもりが付いた状態で回転してもおもりの荷重がない状態をいいます（**図3-27**）。

・**内輪 回転荷重または外輪 回転荷重とは**
　「回転体の周上のベルトでおもりを引張りながら回転するような荷重」をいいます。
・内輪 回転荷重は内輪と接する軸にベルトでつるしたおもりが付く場合。
・外輪 回転荷重は外輪と接する回転体にベルトでつるしたおもりが付く。
　回転荷重としておもりを吊るした回転体が回転するたびに、荷重点がA点〜B点へと変化している状態をいいます（**図3-28**）。

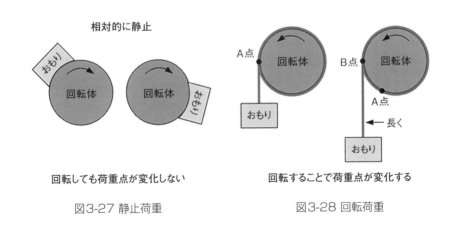

相対的に静止

回転しても荷重点が変化しない

図3-27 静止荷重

回転することで荷重点が変化する

図3-28 回転荷重

「軸受の内輪と外輪どちらが回転するか」また「軸受の内輪と外輪にかかる荷重点の変化」を把握することで、内輪と外輪のどちらかをすきまばめにすることができます（**表3-12**）

表3-12 回転時に軸受にかかる荷重によるはめあいの種類について

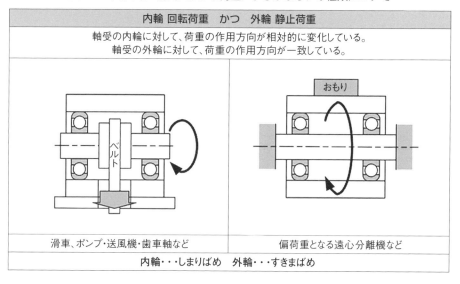

内輪 回転荷重　かつ　外輪 静止荷重	
軸受の内輪に対して、荷重の作用方向が相対的に変化している。 軸受の外輪に対して、荷重の作用方向が一致している。	
滑車、ポンプ・送風機・歯車軸など	偏荷重となる遠心分離機など
内輪・・・しまりばめ　外輪・・・すきまばめ	

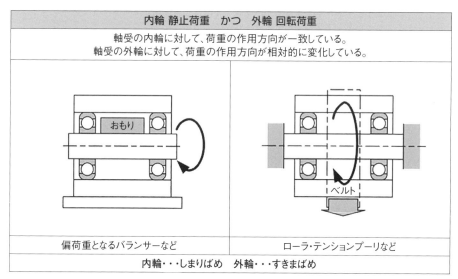

内輪 静止荷重　かつ　外輪 回転荷重	
軸受の内輪に対して、荷重の作用方向が一致している。 軸受の外輪に対して、荷重の作用方向が相対的に変化している。	
偏荷重となるバランサーなど	ローラ・テンションプーリなど
内輪・・・しまりばめ　外輪・・・すきまばめ	

1) すべり軸受を活用した設計手順（図3-29）

① 潤滑条件の決定

　「どのような荷重を受けている軸がどのような速度で回転しているか」を正確に把握し、適切な潤滑方法を選定する必要があります。潤滑条件の決定では、すべり軸受選定の基準となる「PV値」の計算をすることで、的確な潤滑条件を決定します。

② 形状、サイズの決定

　PV値、潤滑条件を決定できれば、軸受を組み込む「スペース」と「取付方法」を確認し、最終的な形状を決定します。

③ 摩耗の推定

　選定した軸受の材質硬さ、相手となる軸の材質硬さから、軸受の摩耗量を計算し、軸受の寿命を確認します。軸受は「軸位置精度」の確保も必要であることから、許容できる軸受位置の誤差を確認し、それを超えないような摩耗量の範囲で軸受を使用することが必要です。

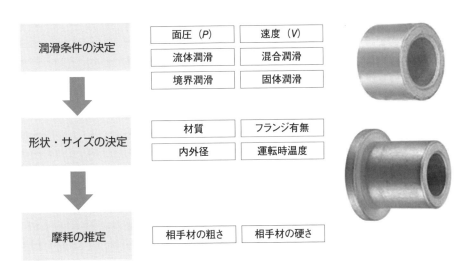

図3-29 軸受設計手順について

　すべり軸受の設計手順として示していますが、PV値、形状などを決定することで、カタログ品からの選定も可能となります。

2) 設計手順に沿った具体的検討
① 潤滑条件の決定

すべり軸受は転がり軸受と違い、直接軸と接触することから「摩擦」の影響が非常に大きくなります。先に説明しましたが「潤滑タイプ」や「材質」により許容できる摩擦性能は異なることから潤滑タイプや摩擦により許容できる摩擦性能を示す指標として「許容PV値」があります。

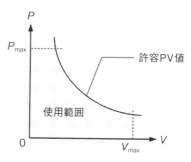

図3-30 許容PV線図

PV値は軸が軸受に押し付けられる力「面圧（P）」と軸を押し付けながら回転する速さ「すべり速度（V）」の積で示します。

許容PV値は反比例の線図で表されます（**図3-30**）。面圧とすべり速度の限界は決められており、許容PV値の下側にあたる部分が許容PV値の範囲となります。

設計の際には、許容PV値の範囲に入ることが必要となります。

ⅰ）潤滑状態と許容PV値について

潤滑状態により、許容できるPV値は異なります（**表3-13**）。油膜によりほぼすべり軸受と非接触になるような流体潤滑では許容PV値は大きくなり、直接接触するような境界潤滑や無潤滑については許容PV値は小さくなります。面圧が大きく高速で動作させるためには流体潤滑のような潤滑タイプが必要になるということがわかります。

表3-13 許容PV値について

区分	許容PV値 [MPa·m/s]	P [MPa]	V [m/s]
流体潤滑	100	大側	10
混合潤滑	10	↑ 10 ↓	1
境界潤滑	1		0.1
無潤滑	0.1	小側	0.01

> PV値はすべり軸受選定上非常に重要な計算なんだ。難しい計算ではないので、計算方法をしっかり理解しなくては！！

ii）面圧（P）について

　面圧とは「軸が軸受に押し付けられる力」のことをいいます。表現としては「単位面積当たりの力」ともいえ、「同じ大きさの力で押し付けるとしたら、より広い面積で受ける方が面圧は小さくなる」とイメージするとよいでしょう。

iii）すべり速度（V）について

　「すべり速度」とは「軸と軸受の接触面における軸の回転する速さ」を示し、「周速度」と同じ意味になります。軸の回転する速さには周速度と角速度の2種類が存在します（**図3-31**）。

・角速度

　回転体が1秒あたりに進む角度をいい、測定する位置は中心部の角度のみであるため、一定の数値となります。

　中心からの距離（半径）に依存せず、角速度は一定です。

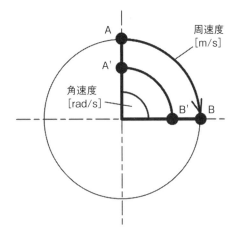

図3-31　角速度と周速度の違い

・周速度（すべり速度）

　回転体の周上を1秒あたりに進む距離を移動するかを示し、A〜BまたはA'〜B'の距離の移動速度のイメージになります。

　中心からの距離（半径）に依存し、半径が大きくなるほど周速度は大きくなります。

ⅳ）PV値の計算方法

PV値を計算する場合、面圧（P）とすべり速度（V）をそれぞれ計算し、それぞれの値をかけ合わせることで計算ができます。

それぞれの算出方法、およびPVを計算する方法について以下に示します。

・面圧 P

$$P = \frac{W}{d \times L} \ \text{[MPa]}$$

 d ：軸径[mm]
 L ：軸受長さ[mm]
 W ：負荷[N]

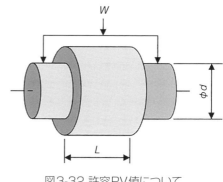

この分母（$d \times L$）は投影面積と呼ばれ実接触面積よりも大きくなるが、実用上投影面積を使用する。

図3-32 許容PV値について

・すべり速度 V

$$V = \frac{\pi \times d \times N}{1000 \times 60} \ \text{[m/s]}$$

 d ：軸径[mm]
 N ：回転数[rpm]

※回転数（N）はすべり速度（V）とは違い、回転数（N）は「1分間に360°回転する回数」を示します。

PV値は面圧Pとすべり速度Vを掛けて求めることができます。

・ＰＶ値

$$PV = \frac{W}{d \times L} \times \frac{\pi \times d \times N}{1000 \times 60} \ \text{[MPa・m/s]}$$

② 形状・サイズの決定

　境界潤滑や無潤滑では、すべり軸受は軸と接触し摩擦が発生することから、「軸の径と接触する幅のバランス」が重要です。

　このバランスを示したのが「幅径比」であり、以下の内容で計算できます（**図 3-33**）。

　また、幅径比は適用する機器ごとの目安値を参照してください（**表3-14**）。

＜幅径比の式＞

$$k = \frac{L}{d}$$

　　k ：幅径比
　　L ：軸受の幅（長さ）
　　d ：軸受の内径

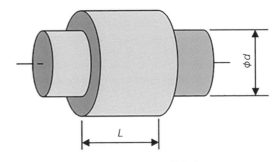

図3-33 幅径比の考え方

表3-14 機器ごとの幅径比の標準値

適用機器	幅径比の標準値
発電機・モータ・遠心ポンプ	0.5〜2.0
伝動軸	2.0〜3.0
工作機械	1.0〜4.0
減速歯車	2.0〜4.0

③ 摩耗の推定

　境界潤滑と無潤滑ではすべり軸受は軸と直接接触することから、摩擦による摩耗が発生します。軸受の摩耗は量が大きくなってくると、軸の位置が変化することで実装される部品の同軸度が変化し、軸振れの発生など動作精度へ影響が発生します。軸受の摩耗量は、軸受にかかる面圧と軸受の潤滑条件により算出することができます。軸受の摩耗量の許容範囲は、それぞれの製品に要求される精度が異なることから個別に決定し、その許容範囲を超えた時点で寿命と考えます。

　軸受の摩耗量については、以下の計算式で計算します。

<式>

$$R = K \cdot P \cdot V \cdot T$$

- R ：摩耗量 (mm)
- K ：比摩耗量 (mm^3/N·m)
- P ：面圧 (N/mm^2)
- V ：すべり速度 (m/s)
- T ：使用時間 (hr)

K：潤滑条件ごとの比摩耗量（参考）

潤滑条件	mm/(N/mm^2・m/s・hr)
無潤滑	$3 \times 10^{-3} \sim 6 \times 10^{-4}$
定期潤滑	$3 \times 10^{-4} \sim 6 \times 10^{-5}$
油潤滑	$3 \times 10^{-5} \sim 6 \times 10^{-6}$

[出典:オイレスベアリングの寿命より]

例えば歯車は、お互いの軸の距離が離れると、かみ合わせが大きく変わりますよね！！

軸受の摩耗量は、軸の位置精度に大きく影響し、相手がある部分に使用されている場合には、不具合の原因になることが多いぞ！

第3章	3	軸受の不具合現象と対策

　一般に軸受は使用機械、使用箇所、使用条件を正しく把握し、見合った軸受を選定して正しく取扱えば寿命まで全うできますが、早期に損傷が発見されるような場合には、軸受の選定、取扱い、潤滑、密封装置など、不備に起因すると考えられます。

　軸受損傷状況から原因を推定することは、要因が多岐にわたるため非常に難しいのですが、損傷発生時の状況と損傷の現象から、原因を推定し再発防止を図ることが重要です。

　本項では、転がり軸受、すべり軸受における代表的な不具合事例を取り上げ、不具合の状況、発生原因、対策などについて紹介します。

　不具合事例の把握は、設計時の不具合想定に非常に役立ち、事前に不具合対策を実施でき、何よりも設計検討項目で「なぜ設計時に検討が必要か」を理解することができます。

　そのため、本項で取り上げる事象だけでなく、幅広く知識として蓄えることで、より安定した動作を可能とする機械装置の設計ができるのです。

それは違うな。どんなに多くの装置を設計したとしても、その経験を整理できてなければ何の意味もない。メーカーの技術情報に過去の不具合が整理されているから、それを勉強するだけも立派な技術者になれるぞ！

設計はやはり「どれだけの装置を設計したか」という経験値によるんですかねえ。

転がり軸受の不具合事象で取り上げられるものとして「クリープ」、「フレーキング」があります。どちらも設計上で対策できることから、不具合原因をしっかりと理解しましょう。

1) 軸や軸受の摩耗の原因となる「クリープ」について
① クリープとは

軸と軸受の回転速度に差が発生し両者にすべりが発生することをいいます。クリープにより軸受に筋状の摩耗が発生し回転のガタや軸振れによる騒音問題の原因となります（**図3-34**）。

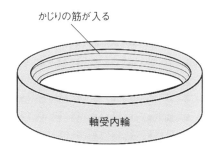

かじりの筋が入る

軸受内輪

図3-34 クリープの現象

② クリープ発生の原因

例えば、軸受の内輪と軸の外径でクリープが発生する場合を考えます。軸受内径と軸外径のはめあいにすき間ばめを選択した場合、すき間が、軸受と軸外径またはハウジング外径とのわずかな周長（直径×円周率）差を発生させます。そのため同じ回転速度で回転していても周長が短い軸の方が早く回転してしまうため、軸受内径と軸の間に「すべり」が発生し、クリープに発展します（**図3-35**）。

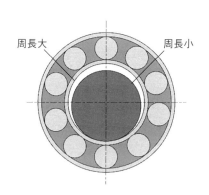

周長大　　　　　周長小

図3-35 クリープの原因

③ クリープ発生の対策

軸受と軸またはハウジングとのすき間をなくすためには、はめあいをしまりばめにすることで対策できます。しかし、深溝玉軸受などの非分解型軸受を使用する場合、組立や分解の作業性を考えると、すき間ばめにせざるを得ない場合もあります。そのため、内輪や外輪の回転および負荷状態により、適切なはめあいの種類の決め方がメーカーから推奨されています（**表3-12**参照）。

2) 軸受の寿命である「フレーキング」について

① フレーキングとは

軌道輪や転動体の材料疲れにより、それぞれの表層部がうろこ状に剥がれ、凹凸ができることをいいます。

フレーキングが発生すると軸受の寿命といわれており、転動体が剥がれを通過する際の振動や異音が発生します（図3-36）。

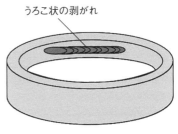

うろこ状の剥がれ

図3-36 フレーキング

② フレーキングの原因

軌道輪が転動体から受ける負荷による材料疲れで発生します。フレーキングは材料疲れ寿命として発生することはありますが、早い段階で発生することもあります。それは想定以上の過大な負荷がかかることです。過大な負荷は軸の接続先での過大負荷だけではなく、軸受と軸またはハウジングとのきつい「しまりばめ」によって転動体と軌道輪のすき間がなくなることが原因です。外輪であれば軌道輪が内側に縮む方向に、内輪であれば軌道輪が外側に広がる方向に変形することで、軌道輪が転動体を強く押し付け、接触しながら回転するために発生します。

③ フレーキングの対策

想定される軸受への負荷を正確に把握して適正な軸受を選定することです。メーカーが提示している基本動定格荷重と軸受荷重、軸回転速度から基本定格寿命を把握し、耐久試験などで妥当性確認を実施するようにしましょう。

すべり軸受における代表的な不具合現象とその対策について

すべり軸受は単純な構造であることから、軸受の材料によるすき間変化や軸との摩擦が発生し摩耗が発生します。これらにより正常な機能、性能を確保できなくなることがあるので、発生原因を正しく把握し、不具合の発生を防ぐ設計が必要です。

1) 回転の異音やトルク上昇につながる「すきま不良」

① すきま不良とは

軸と軸受のすきまが極端に小さかったり、必要以上にすきまが大きい状態になったりすることを示します。

・極端にすきまが小さい場合

軸受と軸の間に潤滑剤が入り込むすき間がなくなることから、軸回転のトルク増大、発熱、異常摩耗の原因となります。さらに進行すると焼付きが発生し、軸が正常に回転できなくなります。

・必要以上にすきまが大きい場合

軸回転時に軸のガタツキが大きくなり、振動や異音が発生する原因となります。また、振動が大きくなることにより、軸が軸受に衝突しながら回転することから異常摩耗の原因となります。

② すきま不良の原因

軸回転時の温度変化による膨張および収縮が考えられます。軸回転時の温度変化については、製造した場所から実際の使用環境に移った際の温度変化や、軸回転時の潤滑剤の温度変化による影響などが考えられます。

そのため、使用する環境における温度を確認し、それに合わせたすきま管理が必要となります。

> すべり軸受はすきま管理が大変そうですね。

> 構造がシンプルだから、影響が大きくでるんだ。しかし、事前のすきま管理を徹底していれば、不具合は起こりにくく、使い勝手がいいぞ！

③ すきま不良の対策

雰囲気温度を意識したすきま計算が必要です。すべり軸受のすきま計算は使用する雰囲気温度により計算検討事項が異なります（**表3-15**）。

表3-15 雰囲気温度によるすきま検討内容の違い

雰囲気温度	
基準温度 （20〜25℃）	基準温度以外 （20℃以下または25℃以上）
・すきまの計算	・すきまの計算 ・軸受内径の計算 ・軸外径の計算 ・ハウジング内径の計算
・しめしろの計算	・しめしろの計算

※通常15℃〜50℃の雰囲気温度では、基準温度で計算しても差し支えありません。

・標準温度でのしめしろに伴う内径の変化量と運転すきまの計算について

1) ハウジングとのしめしろ

$$最大：F_H = D_H - H_L$$
$$最小：F_L = D_L - H_H$$

2) しめしろによる軸受内径の収縮量

$$最大：E_{max} = \lambda \cdot F_H\ (\lambda = 1.0)$$
$$最小：E_{min} = \lambda \cdot F_L\ (\lambda = 1.0)$$

3) 25℃取付け時の軸受内径の寸法

$$最大：d_{25H} = d_H - E_{min}$$
$$最小：F_{25L} = D_L - E_{max}$$

4) 25℃取付け時の運転すきま

$$最大：C_{max} = d_{25H} - S_L$$
$$最小：C_{min} = d_{25L} - S_H$$

D_H：軸受外径の最大寸法
D_L：軸受外径の最小寸法
H_H：ハウジングの内径最大寸法
H_L：ハウジングの内径最小寸法
d_H：軸受内径の最大寸法
d_L：軸受内径の最小寸法
S_H：軸の外径の最大寸法
S_L：軸の外径の最小寸法

計算に必要なそれぞれの数値を整理することから始めよう！

・「標準温度でのしめしろに伴う内径の変化量と運転すき間」実際の計算例

- ・軸受外径 　　　　$\phi\,14$ $\begin{smallmatrix}+0.10\\+0.05\end{smallmatrix}$

- ・ハウジング穴径 　$\phi\,14M7$ $\left(\begin{smallmatrix}0\\-0.018\end{smallmatrix}\right)$

- ・軸受内径 　　　　$\phi\,10$ $\begin{smallmatrix}+0.24\\+0.19\end{smallmatrix}$

- ・軸直径 　　　　　$\phi\,10h6$ $\left(\begin{smallmatrix}0\\-0.009\end{smallmatrix}\right)$

この条件における以下の数値を計算しましょう。
1）ハウジングとのしめしろ（最大、最小）
2）しめしろによる軸受内径の収縮量（最大、最小）
3）25℃取付時の軸受内径寸法
4）25℃取付時の運転すきま

（計算に必要な数値の整理）
わかっている寸法と公差から、数値の整理をします。
- ・D_H：軸受の最大寸法 　　　　＝14.10　・D_L：軸受外径の最小寸法 　　＝14.05
- ・H_H：ハウジングの内径最大寸法＝14.00　・H_L：ハウジングの内径最小寸法＝13.982
- ・d_H：軸受内径の最大寸法 　　＝10.24　・d_L：軸受内径の最小寸法 　　＝10.19
- ・S_H：軸の外径の最大寸法 　　＝10.00　・S_L：軸の外径の最小寸法 　　＝9.991

1）ハウジングとのしめしろ

　　最大：$F_H = D_H - H_L = 14.10 - 13.982 = 0.118$

　　最大：$F_L = D_L - H_H = 14.05 - 14.00 = 0.05$

2）しめしろによる軸受内径の収縮量

　　最大：$E_{max} = \lambda \cdot F_H = 1.0 \times 0.118 = 0.118$

　　最小：$E_{min} = \lambda \cdot F_L = 1.0 \times 0.05 = 0.05$

3）25℃取付時の軸受内径寸法

　　最大：$E_{max} = \lambda \cdot F_H = 1.0 \times 0.118 = 0.118$

　　最小：$E_{min} = \lambda \cdot F_L = 1.0 \times 0.05 = 0.05$

4）25℃取付時の運転すきま

　　最大：$C_{max} = d_{25H} - S_L = 10.19 - 9.91 = 0.199 \fallingdotseq 0.2$

　　最小：$C_{min} = d_{25L} - S_H = 10.072 - 10 = 0.072 \fallingdotseq 0.07$

・運転時温度変化でのしめしろに伴う内径の変化量と運転すきまの計算

運転時に温度変化が生じる場合には、ハウジング、軸それぞれが温度による膨張収縮することが考えられます。そのため、それぞれの材質における線膨張係数をもとに以下の計算式で運転すきまを計算します。

<u>ハウジングの穴径の計算</u>

$$HH_H = H_H \{1 + \alpha_1 (T_H - 25)\}$$

HH_H：高温時の内径最大寸法
α_1　：ハウジング材の線膨張係数
T_H　：運転時の温度

$$HH_L = H_L \{1 + \alpha_1 (T_H - 25)\}$$

HH_L：高温時の内径最小寸法
α_1　：ハウジング材の線膨張係数
T_H　：運転時の温度

<u>軸の外径計算</u>

$$SH_H = S_H \{1 + \alpha_2 (T_H - 25)\}$$

SH_H：高温時の外径最大寸法
α_2　：ハウジング材の線膨張係数
T_H　：運転時の温度

$$SH_L = H_L \{1 + \alpha_2 (T_H - 25)\}$$

SH_L：高温時の外径最小寸法
α_1　：ハウジング材の線膨張係数
T_H　：運転時の温度

<u>運転すきまの計算</u>

$$CH_{max} = \sqrt{(H_H)^2\{1+\alpha_1(T_H-25)\}^2 - \{(H_H)^2-(d_{25H})^2\}\{1+\alpha_3(T_H-25)\}^2 - S_L\{1+\alpha_2(T_H-25)\}}$$

　　　　　　高温時の軸受最<u>大</u>外径　　　（高温時の軸受の外径）－内径　　　高温時の軸の<u>最小</u>外径

$$CH_{min} = \sqrt{(H_L)^2\{1+\alpha_1(T_H-25)\}^2 - \{(H_L)^2-(d_{25L})^2\}\{1+\alpha_3(T_H-25)\}^2 - S_H\{1+\alpha_2(T_H-25)\}}$$

　　　　　　高温時の軸受<u>最小</u>外径　　　（高温時の軸受の外径）－内径　　　高温時の軸の<u>最大</u>外径

α_3：軸受材の線膨張係数

★温度変化における伸び代の計算方法

物質の伸縮の度合いはほぼ温度に比例しており、線膨張係数で示されます（**表3-18**）。

線膨張係数を活用して、温度変化による物質の伸縮は以下の式で計算します。

＜式＞δL（またはδd）＝$\alpha \cdot L$（またはd）$\cdot \varDelta T$

元の長さ（直径）：L（d）、温度変化：$\varDelta T$、伸び代：δL（δd）

表3-18 材料ごとの線膨張係数

相手材	線膨張係数$\alpha(\times 10^{-6}/℃)$	相手材	線膨張係数$\alpha(\times 10^{-6}/℃)$
鉄鋼	11.7	アルミニウム	23.6
アルミ青銅	16	銅	16.8
黄銅	18〜23	ステンレス	17.3
鋳鉄	10.5	PTFE	$13.7〜12.2(\times 10^{-5}/℃)$
POM	$10(\times 10^{-5}/℃)$	PEEK	$5(\times 10^{-5}/℃)$

第4章

絶対にゆるんではいけない けど、ゆるめなきゃいけない 「ねじ」

4章	1	# ねじの基礎知識

ねじのない世界を想像できるか？！

　ねじについて改めて深く考えたことはありますか。ねじは1つの製品に最も多く使用される機械要素であり、1番馴染み深いのは「部品同士を締結する」用途ではないでしょうか。しかし、機械製品からねじをなくすと多くのことが成り立たなくなるのが現状であり、例えば「機械の動きを制御できなくなる」、「封入している液体や気体が漏れてしまう」、「押さえ付けていた部品が取れてしまう」など、様々な不具合が発生してしまう超重要部品なのです。

図4-1 ねじ締結の例

　本章では、深く考えられることがない「ねじ」についてクローズアップし、ねじの基本的な構造や原理、様々なねじの種類、ねじを活用した設計手順などを説明する中で、技術者が注意すべき「ねじ設計における失敗事例」を取り上げていきます。さあ、みなさんのものづくりへの愛情に「ねじを巻いて」よい製品づくりへ活用していきましょう！

ねじに要求されること

　「ねじは絶対にゆるんではいけない！」これが一番の要求事項です。しかし、その反面、ねじで部品を締結することの利点として「脱着ができる」ことがあります。この相反する性能を求められる中で、設計者として最も理解してほしいのが「ねじがなぜ緩まないのか」ということです。原理を確実に理解し、設計上で対策することで、ねじのゆるみの多くは対策できると考えます。

1）ねじの用語について

　ねじを設計する上で基本的なことになりますが、ねじの構造に対する用語を紹介します。普段何気なく使っている内容かと思いますが、今一度ご確認ください。

① おねじに関する用語（図4-2参照）

・外径（呼び径）：おねじの山の頂に接する仮想的な円筒（または円すい）の直径

　ねじの山先端の直径を表す寸法です。一般的にねじサイズを「M○○」と示しますが、これは外径の頭にMをつけて単位を消したものを示します。

・谷底の径：おねじの谷径に接する仮想的な円筒（または円すい）の直径

　ねじ山の谷に当たる部分の直径を表す寸法です。ねじサイズを表す上では頻繁に現れる寸法ではないですが、強度計算では「最も強度が弱くなる部分」になるので注意が必要です。

② めねじに関する用語（図4-3参照）

・内径：めねじの山の頂に接する仮想的な円筒（または円すい）の直径

　めねじはおねじと違い、穴の内側にねじ山が出る形になっています。めねじの内径とは、そのねじ山の先端部分に当たる直径寸法を示し、最も狭くなる部分になります。

・谷底の径：めねじの谷底に接する仮想的な円筒（または円すい）の直径

　おねじでいう「外径」に当たる寸法です。外径と同様にめねじの谷底の径の頭にMをつけることで、めねじサイズを示します。

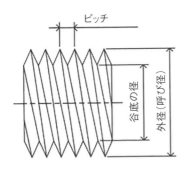

図4-2 おねじ形状

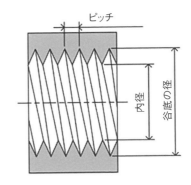

図4-3 めねじ形状

③おねじとめねじに共通する用語

・リード：ねじのつる巻き線に沿って軸の周りを一周するとき、軸方向の進む距離

イメージとしては**図4-4**に示すようなことですが、簡単にいうと「ねじが1回転する際に進む距離」になります。

・ピッチ：ねじの軸線を含む断面において、互いに隣り合うねじ山の相対応する2点を軸線に平行に測った距離

隣り合うねじ山の距離を示すことです（**図4-5**）。呼び径ごとのピッチについては**表4-1**を参照してください。

リードとピッチは大きく関連しており、「一条ねじのリードをピッチ」といいます。リードは二条ねじ、三条ねじと大きくなるにつれて、ピッチは2倍、3倍と大きくなります。

（リードとピッチの関係）

　　・一条ねじ：リード＝ピッチ

　　・二条ねじ：リード＝ピッチ×2

　　・三条ねじ：リード＝ピッチ×3

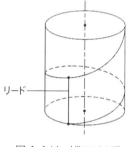

図4-4 リードについて

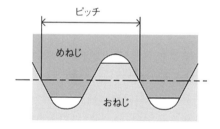

図4-5 ピッチについて

表4-1 並目ねじの呼び径と順位一覧（JIS B0205-3一部抜粋）

呼び径	ピッチ	呼び径	ピッチ	呼び径	ピッチ	呼び径	ピッチ
1	0.25	3.5	0.6	12	1.75	36	4
1.2	0.25	4	0.7	14	2	39	4
1.4	0.3	5	0.8	16	2	42	4.5
1.6	0.35	6	1	18	2.5	45	4.5
1.8	0.35	7	1	20	2.5	48	5
2	0.4	8	1.25	22	2.5	52	5
2.5	0.45	10	1.5	24	3	56	5.5
3	0.5			27	3	60	5.5
				30	3.5	64	6
				33	3.5		

2）ねじの種類と働きについて

ねじは形状により6つに分類ができます。それぞれの役割と特徴について紹介します（**表4-2**）。

表4-2 ねじの種類一覧

ねじの種類			用途	特徴
三角ねじ	メートル	並目	締結	一般的に使用されるねじ 山の角度は60°で摩擦が大きくゆるみづらい形状
		細目		並目と山の角度は同じで高さとピッチが小さい 肉厚の薄い部品の締結に用いられる
	管用	平行	管接続	空気圧、油圧用などの管同士の接続用のねじ 山の角度は55°で中心軸と平行
		テーパ		平行に比べ気密性が必要な場所に使用されるねじ 山の角度は55°で中心軸と平行ではない
丸ねじ			締結	一般的には電球の口金などに使用されるねじ 山の角度は30°で山が丸形
台形ねじ （工作機械・万力・ジャッキ）			動力伝達・送り	送りねじとも呼ばれ、摩耗量が少なく送り量が正確で三角ねじより強度が高い 山の角度は30°で山の先端が平らな形状
角ねじ （プレス・ジャッキ・万力）				台形ねじより摩擦抵抗が小さく大きな伝達力をもつ 山は直角で山の先端は平らな形状で長方形
のこ歯ねじ （プレス・ジャッキ・万力）				締付けに強く、ゆるめやすい 山の形状は台形ねじと角ねじを合わせた形状

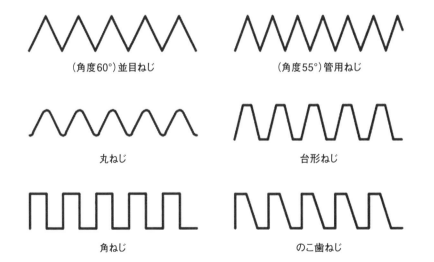

（角度60°）並目ねじ　　　　　（角度55°）管用ねじ

丸ねじ　　　　　　　　　　　台形ねじ

角ねじ　　　　　　　　　　　のこ歯ねじ

図4-6 各種ねじ山の形状

φ(@°▽°@)　メモメモ

並目と細目の使い分け

・細目ねじ：並目ねじに比べて直径に対するピッチの割合が細かいねじ
（JIS B0101）

　並目ねじに比べてピッチが小さい（ねじ山が多い）ねじをいい、緻密な嵌合が必要とされる特別な部分に使用されます。細目ねじは並目ねじに比べて使用頻度が少ないため、入手性も低くなります。

・細目ねじを必要とするケース
　並目ねじに比べてピッチが小さいことから、以下の活用が可能です。
・**せん断方向強度向上：ねじの径を大きくできない箇所の強度向上**
　同じサイズの並目ねじに比べて谷底の径が大きくなることから、せん断方向の強度は高くなります。

・**薄板などへの締結：十分な厚さを確保できない薄板などの締結力強化**
　ピッチが小さいことから並目ねじに比べてねじ山が多くなるため、相手ねじ山との噛み合わせをより多く取ることができます。

・**精密な調整が必要な場合：精密な調整の実現**
　ピッチが小さいことから、ねじ1回転におけるねじの進みは並目ねじに比べて少なくなるため、位置調整用などの用途に適しています。

表4-3 並目ねじと細目ねじのピッチの比較

呼び径	ピッチ	
	並目	細目
6	1	0.75
8	1.25	1
10	1.5	1.25
12	1.75	1.5
16	2	1.5

細目ねじは性能が良いから、できれば頻繁に使いたくなりますね！

細目ねじは精密な分、摩擦量が大きくかじり、焼付きが多くなるから注意だ！

3）ねじの種類と用途

① メートルねじ

　直径及びピッチをミリメートルで表したねじ山の角度60°の三角ねじ。フランス、ドイツなどで一般用ねじとして発達したもので、現在ではISO（国際標準化機構）が国際規格として取りあげています。

　ねじ山が60°で呼び寸法やピッチをミリメートル（mm）で表したねじです。一般的に締結などに用いられていて、用途などにより様々な種類があります。

※ヤードポンド法が採用されているアメリカやイギリス、カナダ、スウェーデンなどではメートルねじではなくインチねじが使用されています。

ⅰ）十字穴付なべ小ねじ

　一般的に「ねじ」といわれてすぐに思いつく形状のねじです。頭がナベをひっくり返したような形で、頭の上に十字やすり割りなどの溝が切られており、部品へ締付けした状態で頭が出っ張る形状となっています（**図4-7**）。

図4-7 十字穴付なべ小ねじ

設計目線で見る「だるま穴の活用」

　奥まったところや狭いところへ部品を固定するとき、部品を押さえながらねじを入れて、ドライバを回してとなると非常に大変な作業です。ここで活用できるのが「だるま穴」です。ねじを仮止めした状態で部品を引っ掛けられるので、作業性は格段に向上します（**図4-8**）。

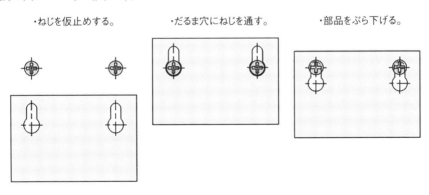

・ねじを仮止めする。　　　・だるま穴にねじを通す。　　　・部品をぶら下げる。

図4-8 だるま穴形状とねじの通し方

ii）十字穴付き皿小ねじ・すりわり付き皿小ねじ

頭が皿のような形になっており、平面部分に十字やすりわりなどの溝が切られています。締付けする部品にねじ頭と同様なざぐりを作ることで、締付け後には部品から頭がでない形状となります。皿小ねじ用穴のサイズはJIS B1017に規定されています（**図4-9**）。

皿小ねじには一般的なものとして、十字穴付き皿小ねじやすりわり付き皿小ねじなどがあります。

図4-9 十字穴付き皿小ねじ

φ(@°▽°@)　メモメモ

ねじの呼び径の順位

一般的に使うねじのサイズは決まっており、「呼び径7」とか「M11」を使うシーンはないと思います。

ねじのサイズは「第1選択」と「第2選択」で分けられています（JIS B0205-3）。標準的に使っているねじサイズは第1選択のねじになります。このような選択があるのはねじの流通面に関連しています。

ねじは、呼び径以外にも「ピッチ（細目？並目？）」、「長さ」、「材質」、「強度区分」、「頭形状の違い」などがあることから、すべてのサイズを採用できるようにすると膨大な種類になってしまい、ねじの在庫もつられて膨大になることから、頻繁に使用される呼び径に絞るために設定されています。

もちろん、第2選択のねじも購入することができますが、在庫していない場合が多いので、入手性が悪いだけでなく、コストも掛かることから、第1選択のねじに統一することがおすすめです！

表4-4　ねじの呼び径と順位一覧（JIS B0205-3から抜粋）

呼び径	順位	呼び径	順位	呼び径	順位	呼び径	順位
M1	1	M4	1	M18	2	M42	1
M1.2	1	M5	1	M20	1	M45	2
M1.4	2	M6	1	M22	2	M48	1
M1.6	1	M7	2	M24	1	M52	2
M1.8	2	M8	1	M27	2	M56	1
M2	1	M10	1	M30	1	M60	2
M2.5	1	M12	1	M33	2	M64	1
M3	1	M14	2	M36	1		
M3.5	2	M16	1	M39	2		

ⅲ）六角ボルト

六角形状の頭におねじ部分がついた形状で「ボルト」といわれると想像できるものです（**図4-10**）。締付けには、スパナやレンチを使用します。

図4-10 六角ボルト

図4-11 六角ボルト活用例

小さいボルトサイズで、六角の上に十字の溝が設けてあるボルトを「アプセットボルト」といいます。

φ(@°▽°@) メモメモ

小ねじとボルトの使い分けについて

固定ねじには、頭の形状が鍋形でマイナスやプラスの溝がある「小ねじ」と六角形状になっている「ボルト」がありねじの呼び径により一般的な使い分けがあります。
・**小ねじは呼び径6mmまで、ボルトは呼び径8mmから**

これはあくまでも目安であり、6mmを超える小ねじも、8mmよりも小さいボルトも存在します。小ねじはドライバで締付けることから、締付け時ドライバを握る力に依存する部分があるため、呼び径が大きくなるほど適正なトルクで締付けるけることができなくなります。そのため、大きな呼び径のねじには六角ボルトを使用し、長い柄をもつスパナやレンチなどの力を確実に掛けることができる工具で締付けます。

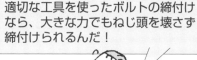

大きな力で小ねじを締めると、ねじの溝を壊しちゃうんですよね・・・(汗)

適切な工具を使ったボルトの締付けなら、大きな力でもねじ頭を壊さず締付けられるんだ！

ⅳ）六角ナット

ボルトと同じで六角形状をして、中心部がねじになっている、一般的に「ナット」といわれて想像できる形状のものです。六角ナットには1種、2種、3種、4種の4種類が存在しますが、4種の流通は少なく1種〜3種の3種類が一般的です。

各種ナットの形状については、**図4-12**を参照してください。

・1種：片側が面取りされているナット

面取りされていない側を部品と接触させて使用し、面取りがある側は角部との接触による傷つき防止や工具が入りやすくする効果があります。

・2種：両側が面取りされているナット

1種と基本的な寸法は同じで両面取りにしたナットです。向きを気にせず使えますが、面取り分だけ部品との接触面積が少なくなります。

・3種：1種ナットよりも薄く、両側が面取りされているナット

2種と同じで両面取りをしたナットです。1種や2種と比べて高さが低いです。

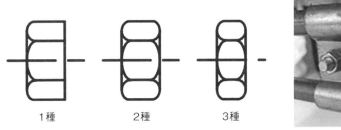

図4-12 ナット種類 　　　　　　図4-13 ナット活用事例

設計目線で見る「ダブルナットの組合せは何が正解なのか」

ゆるみ止めでおなじみの「ダブルナット」ですが、ナットの組合せが重要です。ダブルナットの効果を発揮する組合せとしては以下の2点になります（**図4-14**）。

締付け方は下ナット、上ナットの順で締付け、上ナットを固定しながら下ナットを緩め方向に回して上ナットを押し上げるようにし、上ナットの摩擦力を強化します。

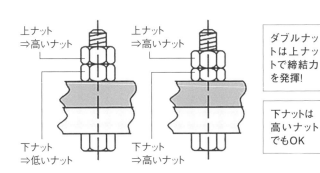

図4-14 ダブルナットのナット組合せ

ⅴ）六角穴付きボルト

　円筒形の頭部に六角の穴があるボルトで、別名「キャップボルト」ともいいます（**図4-15**）。ねじ頭の真ん中に締付け用の穴があり、六角棒レンチで締付けることができるため、奥まった場所など狭いところでの締付けを可能とします。また、六角ボルトなどと異なりスパナやソケットなどを入れるためのスペースが不要であることから、ねじ頭の占有スペースを少なくでき、小型化を可能とします（**図4-16**）。

図4-15 六角穴付きボルト

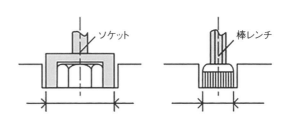

図4-16 占有スペースの差（頭隠す場合）

ⅵ）アイボルト

　頭部にリング状の穴がついたボルトをいいます。クレーンなどで重量物装置を吊り上げる場合に、装置頭部に締付けて、リング状の穴部分にロープなどを通して使用します（**図4-17**）。アイボルトにはねじ部の呼び長さにあまり種類がなく、通常のものと、一般的に足長と呼ばれるねじ部が長めのアイボルトとの2種類になります。

図4-17 アイボルト

設計目線で見る「アイボルトの正しい取付」

　アイボルトに限らず、ねじはアキシアル方向（軸線方向）に荷重をかけるのが正しい使い方であり、ねじにせん断荷重を加える構造は避けなければいけません（**図4-18**）。アイボルトは部品固定ではないため、自由に設置する場所を選ぶことができます。そのため重心位置を把握し、バランス良く配置しましょう。

図4-18 アイボルト吊り下げ方向について

② 管用（くだよう）ねじ

　空気や水、油などの流体を通す密閉性を求められる管に使用されるねじをいい、構造に合わせて「管用平行ねじ」と「管用テーパねじ」の2種類があります（**図4-19**）。

ⅰ）管用平行ねじ

　ねじ径が根元から先端まで変わらないねじをいいます。機械的接合を目的としているもので、電気配線用ルートなど「内部に圧力が発生しない」ような管の接続に使用します。なお、内部に浸水しないよう、おねじ根元部分または先端部分にパッキンを配置し、パッキンを潰すように締付けます。

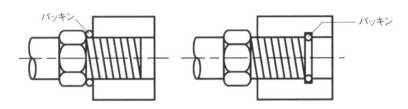

図4-19 管用平行ねじ施工方法

ⅱ）管用テーパねじ

　ねじ径が根元から先端に向かうほど先細りしているねじをいいます。密閉性を確保するため、おねじ外周にシールテープを巻いてから締付けます（**図4-20**）。

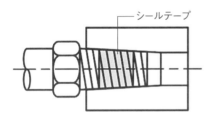

図4-20 管用テーパねじ施工方法

図4-21 管用ねじの形状

③ 丸ねじ

　ねじ山の形がほぼ同じ大きさの山の丸みと谷の丸みとが連続しているねじをいいます。

　丸ねじはホコリの蓄積やねじ山が壊れたりすることを防ぐため、通常のねじ山のように尖ったねじ山にせず、丸みを帯びたねじ山にすることで強度を持たせる構造にしています。一番身近な活用例では「電球（LED）の口金」があります。

　電球の口金の直径は電球サイズごとに決められており、以下の関係になっています。

・電球の口金サイズと直径

　　E11口金：直径11mm

　　E12口金：直径12mm

　　E17口金：直径17mm

　　E26口金：直径26mm

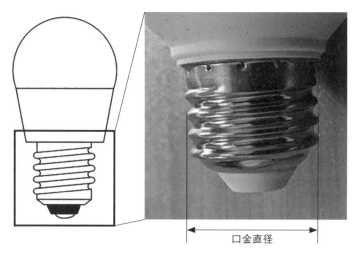

口金直径

図4-22 電球の口金

電球のねじって、多少取付けづらい場所でもしっかりと締められるんですよね！

大きめのガタを持たせることで、作業者を選ばないように工夫されているんだ！

1) ねじの材料
① 冷間圧造用炭素鋼線（SWCH）

　一般的にいわれる「鉄製のねじ」に使用される材料です。材料コストが低く加工しやすいことから安価で取引されており、無数に使用されています。鋼製であることから、そのままだと錆などの腐食が発生するため、めっきや塗装などで表面処理をして使用します。

② 機械構造用合金鋼（SCM）

　クロムとモリブデンを添加して焼入れ性を向上させた合金鋼をいいます。引張強さはSWCHに比べて2倍以上であることから、高強度が求められる用途で使用されます。

③ オーステナイト系ステンレス（SUS304）

　ステンレス製ねじに使用される材料です。ステンレスねじは主に屋外や海沿いなどで塩害をうけることが想定される場合に使用されます。

④ 黄銅（C2700）

　銅と亜鉛の合金で導電性が高いのが特徴です。装飾用ねじなどに使用されますが、導電性が高いことから、電源端子の固定用ねじとしても使用されます。

設計目線で見る「ねじのかじり」

　屋外装置などへ定期的な脱着が想定される部品をステンレスボルトで固定していたところ、締付け時にねじが回らなくなることがあります。これはステンレス製のねじによる締結で多く発生する事象で「かじり」といいます。

　ステンレスは熱膨張係数が高く、熱伝導率が低いことが原因となっています。ねじを締付けるときに発生する摩擦熱によりねじ同士は膨張しますが、ステンレスは熱伝導率が低いため、摩擦熱により表面が溶けて相手のねじと接着される状態（溶着）になることで発生します。

　屋外使用で錆などを防止するために使用することは可能ですが、使用する場合には以下の注意点を組立者に指示するようにしましょう。

　　・ねじ部に潤滑剤を塗布する（摩擦低減）
　　・できるだけゆっくりと締付ける（摩擦熱防止）

2）ねじの強度区分の見方

① 鋼製ねじの強度区分表示方法

4.8

引張強さの ── 1/100

引張強さに対する耐力の比 ── （破壊しない強さ）

図4-23 鋼製ねじの強度区分表示

【解釈方法】

・引張強さの1/100：引張強さを実際の強さの1/100で表記
「4」であれば、実際には引張強さは400[N/mm²]になります。

・引張強さに対する耐力の比：耐力の比の先頭「0」を取り除いた小数点表記
「.8」であれば「0.8」を示し、下降降伏点は引張強さの80％になります。
すなわち、「4.8」が示す下降伏応力は引張強さ400[N/mm²]の80％を示すため、
400 × 0.8 ＝ 320[N/mm²]となります。

【この強度区分表示が意味するところ】

ボルトの下降伏応力が320[N/mm²]を表しています。

設計目線で見る「ねじ強度不足が発生した場合の一時的対処」

　強度区分4.8などの標準強度のボルトを使用している際に発生した「強度不足」に対し、ねじ径を大きくするなどの対処をすると、設計変更や作り直しにより多くの時間を要します。このような場合は、強度区分の大きい六角穴付きボルトを使用することで緊急対応することができます。しかし固定する部品が軟質材の場合、陥没に注意する必要があります。

φ(@°▽°@)　メモメモ

鉄の強度について

　ねじの主な材料となる「鉄鋼」の強度は、応力ひずみ線図（**図4-24**参照）で示される強度特性になります。応力ひずみ線図は、材料の引張量（変位）に対して材料から発生する力（応力）の特性を示したもので、変位が少ない状態では応力は右上がりに上がっていく「弾性域」を示し、イメージは「ゴム」の状態です。この領域では引張をやめることで、材料が引張前の状態に戻ります。さらに変位が大きくなり応力がいったん下がる点があり、これを「降伏点」といいます。降伏点を過ぎると引張をやめても材料は元の形状には戻ることはありません。材料が元の状態に戻らない変形のことを「塑性（そせい）変形」といいます。塑性変形した状態からさらに変位を大きくすると破断します。

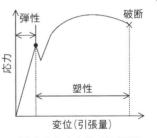

図4-24 応力ひずみ線図

② ステンレス鋼製ねじの強度区分表示方法

図4-25 ステンレス鋼製ねじの強度区分表示

【解釈方法】

・鋼種区分：先頭の英字1文字で「鋼種区分」、1桁の数値で「鋼種に含まれる化学成分の範囲」を示します。主な鋼種区分と鋼種名を**表4-5**に示します。

表4-5 主な鋼種区分と鋼種名

鋼種分類	鋼種区分	主な鋼種名
オーステナイト系	A1	SUS303
	A2	SUS304／SUS304L／SUSXM7
	A3	SUS321／SUS347
	A4	SUS316／SUS316L
	A5	SUS316N／SUS316LM
マルテンサイト系	C1	SUS403／SUS410
	C3	SUS431
	C4	SUS416
フェライト系	F1	SUS430

・強度区分：引張強さの1/10を示します。

すなわち、「A2-70」が示すのは、「オーステナイト系ステンレスSUS304、SUS304L、SUSXM7のいずれかで、引張強さは700[N/mm^2]」です。

3）ねじの加工方法について

① ねじの加工方法

ねじの加工工程は以下の通りです。

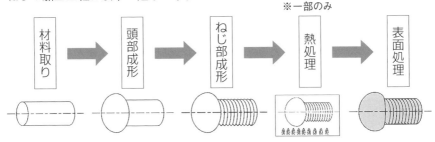

図4-26 ねじ加工工程

ⅰ）材料取り

ねじ材料はコイル状になった線材を使用します。線材はどのサイズのねじにも適用できる太さで保管されています。そのため、ダイスに線材を通してねじを製作する寸法まで細くする「伸線」という作業をします（**図4-27**）。伸線では材料を急激に変形させることから、材料内部の品質が不安定になるため、焼なましにより品質を安定させます。

伸線後は製作するねじの長さに合わせて材料取りしていきます。

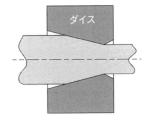

図4-27 伸線

ⅱ）頭部成形

ねじの頭部形状を作る方法には2種類あります。生産性や精度の違いにより使い分けています。

・鍛造（たんぞう）

材料に金型を押し付け、圧力を掛けることで材料を変形させて製作します（**図4-28**）。金型が必要になりますが、少ない時間で成形でき余分な切削くずが出ず経済的です。さらに材料を変形させることで、材料内部の組織を切断せず、連続的になり、強度が安定します。

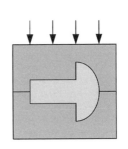

図4-28 鍛造

・切削（せっさく）

旋盤で材料を切り出すことで成形します。金型が不要で1本からでも容易に製作できることから、特殊形状のねじの製作に向いています。しかし、切削くずの発生や材料組織を切断することから、強度の低下が想定されます。

iii）ねじ部成形

ねじ部成形にも2つの方法があり、生産性や製作の要求精度により使い分けています。

・転造（てんぞう）

「転造ダイス」という表面がねじの反対形状をしているローラーに挟み込み圧力をかけながら回転させることでねじ部形状を作ります（**図4-29**）。鍛造と同じく、型となる転造ダイスが必要となりますが、短い時間で切り粉を出さずに加工することができます。

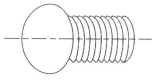

図4-29 転造

・切削（せっさく）

旋盤で削り出すことでねじ山を作ります（**図4-30**）。特殊なねじや複雑形状のねじは切削加工で製作することが向いていますが、製作に時間がかかることから、大量生産には向きません。

図4-30 切削加工

φ(@°▽°@) メモメモ

座金組込みねじの座金は「なぜ外れないのか」

あらかじめ平座金やばね座金などが組み込まれたねじ「座金組込みねじ」は、組立作業時にねじへの座金組込み作業を削減できることから、作業性向上につながる非常によい部品です。

しかし、座金組込みねじは、締付けない状態でも座金がねじから外れることがありません。なぜでしょう？

これは、転造前に平座金やばね座金をセットした状態で転造加工することで、ねじ山部が盛り上がり、座金が外れないような状態になるからです（**図4-31**）。座金組込みねじは、小ねじ以外にも六角ボルト、六角穴付きボルトなどの種類がありますが、標準的に使用される長さに限定してのみ製造されています。

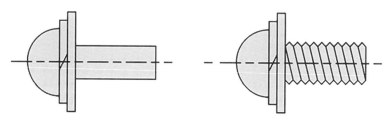

①成形後に座金をセットする　　②転造ダイスでねじを盛り上げる

図4-31 座金組込みねじの成形方法

ⅳ) 熱処理

　成形したねじの強度を調整するために、熱処理を施します。熱処理はねじの種類によって異なります。また強度区分4.8のボルトや小ねじには熱処理はしません。

・浸炭焼入れ焼戻し

　タッピングねじやドリルねじなどのように、下穴に直接ねじ込むことによりねじ自体でねじ穴を成形するようなねじにする熱処理です。ねじ穴を形成するために必要な、強度の高いねじ山表面を形成することを目的としています。

＜浸炭焼入れ焼戻しの工程＞

　950℃程度にねじを加熱し、ねじ表面に炭素を浸透、拡散させて高濃度にした後に油槽で冷却します（これを焼入れといいます）。焼入れによりねじ表面の硬さを確保することができますが、このままでは材料の粘りがなく、脆く、ねじ山を形成する際の衝撃などで破断するおそれがあります。そのため、再度150〜250℃で加熱して焼戻しをすることで、ねじ表面は硬さを維持しながらも粘りをもたせることで、耐衝撃性を高めることができます。

・調質

　焼入れ後、高温（400℃以上）で焼戻しする操作を「調質」といいます。強度区分8.8以上の高力ボルトや六角穴付きボルトなどのように、ねじ全体で強度を必要とされるようなねじにする熱処理です。ねじ表面だけではなく、中心部も含めた硬さと強度、粘り強さを確保することを目的としています。

＜調質の工程＞

　800〜900℃程度にねじを加熱した状態を保持した後に、油槽で冷却します（これを焼入れといいます）。焼入れ後、450〜550℃以上で再加熱して焼戻しをすることで、ねじ全体の強度を向上させると共に、表面部と中心部の硬さを均一にすることができます。

　浸炭焼入れ焼戻しと調質は同じように高温で焼入れをして焼戻しをしますが、浸炭焼入れ焼戻しは表面部分のみの硬さや強度を上げることを目的としており、調質は表面部分と中心部分の硬さや強度を均一にすることを目的としています。

ⅴ）表面処理

　ねじは主に鉄鋼で作られていることから、多くの悩みが「錆（さび）」の問題です。錆を防止するために表面処理を施しますが、塗装などのような表面処理ではねじ山寸法が変わってしまうため、より薄い表面処理が求められます。

　もっとも一般的な表面処理は「めっき処理」になります。今でも主流なのは「クロムめっき」といわれるめっき処理ですが、近年地球環境保護の観点から、六価クロムを使っためっき処理は見直されてきており、環境に配慮した三価クロムめっきに置き換えられてきています。

＜ねじに使われているめっき処理＞

・光沢クロメート：銀色の光沢が特徴

　通称「ユニクロ」とも呼ばれ、電気亜鉛めっきのクロメート処理の皮膜中に六価クロムが少なく、三価クロムが多いめっき処理です。

【記号】Ep－Fe／Zn8／CM1　　（旧記号MFZn8）

図4-32 光沢クロメート

・有色クロメート：金色の光沢が特徴

　一般的に「クロメート」といわれるめっき処理です。六価クロメートの中では緑色クロメートに次いで耐腐食性を持ち、皮膜の傷やクラックに対する自己修復機能を持っているめっき処理です。

【記号】Ep－Fe／Zn8／CM2

　　　　（旧記号MFZn8-C）

図4-33 有色クロメート

・黒色クロメート：黒々してマットな感じが特徴

　有色クロメートと同じ六価クロメート処理です。亜鉛めっき後の皮膜表面に白錆を抑制することを目的としためっき処理です。

【記号】Ep－Fe／Zn8／CM3

　　　　（旧記号MFZn8-B）

図4-34 黒色クロメート

・緑色クロメート：表面が緑色になるのが特徴

　クロメート処理の中で最も強力なめっき処理です。しかし、強力であるがゆえ、使用する六価クロムも強力で、環境問題で使用が少なくなってきているめっき処理です。

図4-35 緑色クロメート

② ねじ穴の加工方法

ねじ穴の加工工程は以下の通りです（**図4-36**）。今回は手加工でねじ穴を加工する「ハンドタップ」について説明します。

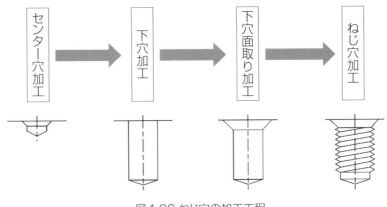

図4-36 ねじ穴の加工工程

ⅰ）センター穴加工

ドリルで下穴を空ける際に、正確な位置に加工面と垂直に下穴を空けることが必要なため、あらかじめ下穴を空ける位置に中心を作ります。

ⅱ）下穴加工

ねじ山を加工するための下穴を加工します。下穴径はおねじとの山のひっかかり率と、基準のひっかかり高さから算出します。通常、ねじのひっかかり率は70〜80%で考えており、基準ひっかかり高さH_1は「$H_1=0.541266 \times P$（ピッチ）」で算出します。これらでねじ下穴径を算出することにより一般的にいわれている簡易的な式「ねじ下穴径 ＝ 呼び径 － ピッチ」が導かれています（**表4-6**）。

・下穴径計算式

JIS B1004「ねじ下穴径」から抜粋

$$D_{hs} = d - 2 \times H_1 \left(\frac{P_{te}}{100} \right)$$

P_{te}：ひっかかり率（%）
d　：ねじの呼び径（mm）
D_{hs}：下穴径（mm）
H_1　：基準のひっかかりの高さ

表4-6 ねじ下穴径の簡易式から見る
呼び径と下穴径

呼び径	ピッチ	下穴径
6	1.0	5.0
8	1.25	6.8
10	1.5	8.5
12	1.75	10.25
16	2.0	14.0

iii）下穴面取り加工

　下穴加工時に発生するバリ取りや締付け時にねじ穴にねじが入りやすくすること、ねじ穴加工時にねじ山が盛り上がり下穴入口から出っ張ることを防止することを目的としています。工具は円すい形状の面取りカッターを使用し、深さは加工するねじ穴の呼び径よりも大きくなる程度で加工します。

iv）ねじ山加工

　ねじ山の加工には「ハンドタップ」という工具を使用します（**図4-37**）。ハンドタップには1番タップから3番タップまでがあります。

・1番：先端が細く9山辺りまでテーパ形状になっています。先端が下穴に入りやすくまっすぐねじ山を立てることができますが、下穴の入口部分にしかねじ山を加工できません。

・2番：先端が細く5山辺りまでテーパ形状になっています。1番タップで加工したまっすぐなねじ山に沿って加工することができ、通り穴であれば2番タップで仕上げることも可能です。

・3番：食付き部として先端1.5山が削れています。主に仕上げ加工用に使用するタップで、止まり穴の場合には3番タップで加工することが必要です。

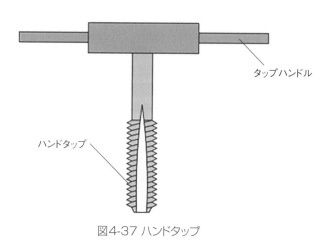

図4-37 ハンドタップ

4-1-3 ねじと組み合わせて使用する平座金、ばね座金について

　ねじで締付ける際に何気なく使っている「平座金」と「ばね座金」などを代表する「座金」。正確な役割や用途を理解しながら使えていますか？ねじ締結において、重要な機械要素である「座金」について理解していきましょう！

1）平座金

　円盤状の真ん中に穴が開いている部品です（**図4-38**）。ねじ頭と固定する部品の接触部分を大きくし部品からの反力を安定的に受けることで、軸力低下を防止する役割があります。平座金がない場合、接触面が小さく固定する部品に応力が集中してかかるため、部品に傷や陥没などが発生し、安定した反力を得られなくなるおそれがあります。

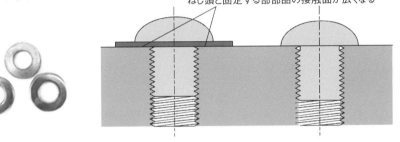

ねじ頭と固定する部部品の接触面が広くなる

図4-38 平座金

図4-39 平座金の使用例

2）ばね座金

　スプリングワッシャーとも呼ばれており、平座金の一部を切断しねじったような形状になっています。締付けることによりねじりが変形して平らな形状になることで、スプリングバック（元の形状に戻ろうとする力）が働き、初期ゆるみや座面のへたりに対してばね力で補償する役割があります（**図4-41**参照）。また、初期ゆるみ発生時にばね座金の弾性力による摩擦がねじの回転を防止し、脱落防止をするとともに、たわみがなくなっていることでねじのゆるみを確認できるという利点があります。

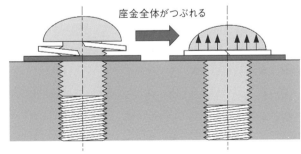

座金全体がつぶれる

図4-40 ばね座金

図4-41 ばね座金の使用例

３）歯付座金（菊座金）

　内側、外側、もしくは両側に歯が立ち上がっている形状になっており（**図4-42**）、立ち上がっている歯がねじ頭部の傘や固定する材料へ食い込むことにより、回り止めやゆるみ止め効果を発揮します（**図4-43**）。内歯形は歯が内側に向いていることから、外側に歯が出てはいけない箇所へ使用されます。それに対し外歯形は外側に歯が向いており、内歯形よりも外周で回り止めを発揮できることから、内歯形よりも効果が高いとされています。

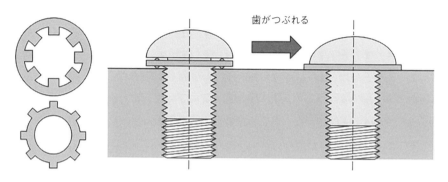

図4-42 歯付座金　　　　　図4-43 歯付座金の使用例

４）皿ばね座金

　傘状の形状をしており（**図4-44**）、ねじを締付けることで出っ張り部分が押しつぶされ、その反発力でねじのゆるみを防止します（**図4-45**）。同じ形状で「皿ばね」があります。皿ばねは繰り返しかかる動荷重（縮んだり伸びたり）に使用されますが、皿ばね座金はねじの軸力によりかかる静荷重（縮みっぱなし）の状態で使用することで効果を発揮します。

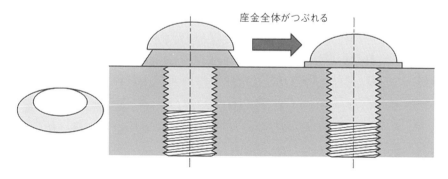

図4-44 皿ばね座金　　　　　図4-45 皿ばね座金の使用例

4章	2	# ねじの不具合事象と対策

4-2-1	ねじのゆるみ

ねじの破損とともに、設計者の頭を悩ませる事象、そう！「ゆるみ」です・・・。「がっちり締めたのに！」、「何度も締めなおしたのに！」と思っても、ゆるんでしまうんですよね。そんな設計者の悩みである「ゆるみ」について、ゆるみのパターンと具体的説明、対策方法などを詳しく説明していきます！

1）ねじ締結のメカニズム

ねじを回転させることにより、ねじは穴の奥に向かって進んでいきます。そして、次第に固定する部品にねじの頭が接触し、さらに回すとねじ山部分はさらに奥に進み、目に見えないぐらいの微小な「伸び」が発生します。鉄鋼の場合、弾性域では「伸び」を戻そうとする力が発生します。これを「軸力」といいます（**図4-47**）。この軸力により、ねじ同士を強く接触させ「摩擦力」が発生することでゆるみを防止しています。

ねじを締める ➡ ねじが伸びる ➡ ねじが戻る力発生 ➡ ねじ山同士に摩擦力発生 ➡ 回転方向の保持力が発生

図4-46 ねじ保持力発生メカニズム

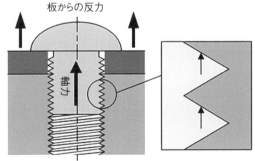

板からの反力

軸力

反力を受けて、ねじ山同士が強く接触し摩擦力が発生

図4-47 軸力について

2）適正な締付け力「締付けトルク」について

　ねじは「伸び」による軸力により緩まないための「保持力」を得ることを説明しました。そのため「それじゃあ、力いっぱい締めればいいのか？！」というとそれは違います・・・(汗)。ねじは適切な力以上に締付けると「ねじが伸びるが元の形状に戻らない」領域まで変形する「塑性変形」を発生させることから、軸力がかからない状態になってしまい、さらに締付けることで「破壊」してしまいます。そのため、ねじは適正な力で締付ける「標準締付けトルク」が設定されています。

　標準締付けトルクは、会社ごとに採用する数値は異なることから、所属する会社での標準締付けトルクを確認し、実際に組立作業者へ指示するようにしましょう。

力だけは負けませんよ～！
がっつり締めて緩まないようにします！

ねじはだた「力強く締付ければいい」というわけではないんだ！ねじが伸びつつもとに戻れる「弾性域」で締付けることが大切だ。

φ(@°▽°@)　メモメモ

トルクについて

　簡単に言うと「回転する力」を示します。回転する力をかける場合、「回転中心からどこの位置で力を加えるか」によって、かける力が異なります。昔、公園にあった「シーソー」を考えてみましょう。シーソーの前に座るより後ろに座ったほうがより大きな力を発揮できたと思います。すなわち、トルクは「同じ力でも回転中心からどれだけの位置で力をかけるか」によって変化するのです。

T（トルク）[N·m]＝F（かける力）[N]×L（回転中心から力をかける位置）[m]

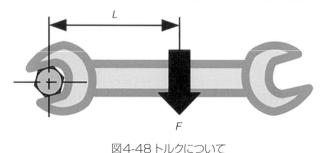

図4-48 トルクについて

2) ねじゆるみのメカニズム

「ねじはなぜゆるむの？」仕組みを知ることができれば簡単です。そう！「軸力が弱まるから」です。そのため、「ねじのゆるみをいかに防止するか！」ということは「ねじの軸力をいかに確保するか」ということになります。

軸力が抜けるメカニズムを考えながらねじのゆるみ原因を順に追っていきましょう！

ねじのゆるみの種類
① 初期ゆるみ
② 陥没ゆるみ
③ 微動摩耗によるゆるみ
④ 熱的原因によるゆるみ
⑤ 回転ゆるみ

① 初期ゆるみ

部品同士の表面にある目には見えない微小な「凹凸」が組立てによるねじの締付けで合わさり、時間経過による凹凸部分の「へたり」により締付け長さが短くなることでねじ頭と部品の接触力が低下し、軸力が低下するゆるみをいいます。

凹凸へたりによる部品厚さ減少

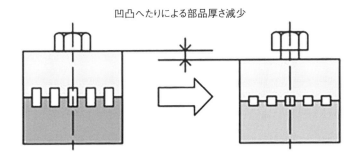

図4-49 初期ゆるみのイメージ

・初期ゆるみの原因：固定した機械が動作することによる外力

凹凸のへたりは、固定した機械が動くことにより締結力に加えてさらに外力がかかります。そのため、凹凸同士に力がかかり、へたりが発生するのです。

・初期ゆるみの対策：締結後一定期間後の「増し締め」

初期ゆるみは部品を固定してから一定期間で発生します。逆に「凹凸がへたりきれば発生しない」ゆるみです。そのため、部品固定後一定期間が過ぎたら適正な締付けトルクでねじ部分を再度締付けしましょう。

②陥没ゆるみ

　ねじ頭の座面と部品の表面の微小な凹凸に、徐々にへたりが生じることで部品表面部分に「陥没」が発生し、微小な隙間が発生することで軸力が低下するゆるみをいいます。

　締付け時に凹凸がすべてへたり切れば問題ないのですが、凹凸が残った状態で外力が加わることにより、さらに陥没が進行し軸力低下につながります。

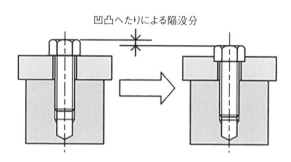

凹凸へたりによる陥没分

図4-50 陥没ゆるみのメカニズム

・陥没ゆるみの原因：過剰なねじ頭の接触力（面圧）
　陥没に関連するのが「面圧」といわれる「単位面積あたりの接触力」です。ねじから同じ力を受けても面積の大小で面圧は変わります。
　－接触面積が大きい場合：面圧は小さくなる。
　－接触面積が小さい場合：面圧は大きくなる。
　面圧が大きい場合には、機械動作時などの外力なども作用し、徐々にねじ接触面が陥没していきます。

・陥没ゆるみの対策：接触面積向上と座金の強化
　面圧を低下させるために有効なのが「座金」の使用です。ねじ頭と部品との間に座金を入れることにより部品への接触面積を大きくすることができるため、部品表面への面圧は低下させることができます。が、しかし・・・、使用する座金の強度が弱い場合、座金が受ける面圧で座面が陥没してしまいます。
　そのため、座金の強化が必要です。その場合、通常の座金よりも強度の高い「高強度座金（ハイテンワッシャー）」などがあります。

設計目線で見た「陥没ゆるみの判定計算について」

　ねじの陥没については、ボルトの軸応力の最大値が締付ける部品材料の限界面圧を下回ることで避けることができます。ボルトで直接締付ける場合、平座金を間に入れた場合など、場合分けしながら比較すると計算できます。

<計算例>

　六角ボルトでSS400の部品を固定する場合座面の陥没はするか？

<計算条件>

・六角ボルト：M16×2.0　［強度区分12.9］

・固定する部品の材料：材質SS400

・M16（並目ねじ）の有効断面積：157mm^2

　（JIS B1082に掲載）

・SS400の限界面圧＝333 N/mm^2（文献などで調査可能）

・ボルトの軸応力の最大値はボルト材耐力の80%とする

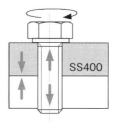

図4-51 陥没ゆるみ
計算条件

<計算方法>

・六角ボルト（座付き）の負荷面積を求めます

　負荷面積：（π/4）×（座面径^2－穴径^2）

　　＝（π/4）×（22.49^2－17.5^2）≒157 mm^2

・負荷面積とねじの有効断面積から負荷面積比を求めます

　負荷面積比：負荷面積／ねじの有効断面積＝157/157=1

・ボルトの耐力を求めます。

　強度区分12.9より、1200×0.9＝1080N/mm^2

・ボルトの軸応力の最大値（面圧）を求めます

　　σ＝1080×0.8＝864N/mm^2

　M16の負荷面積比＝1より、面圧864/1＝864N/mm^2＞333N/mm^2（SS400限界面圧）

　⇒陥没します。

・M16ボルト（座なし）で計算・・・負荷面積864 mm^2

負荷面積比：258/157＝1.6より面圧864/1.6＝540N/mm^2＞333N/mm^2⇒ 陥没します

・外径30mmの平座金を使った場合で計算・・・負荷面積466 mm^2

負荷面積比：466/157＝2.96より面圧864/2.96＝292N/mm^2＜333N/mm^2⇒陥没しない

　平座金を入れることで陥没を防止できますが組立時に平座金を組み忘れるとねじゆるみが発生する不具合確率が上がるので注意が必要です。

③ 微動摩耗ゆるみ

　面圧が十分でなく部品への締結力が低い場合、外力などにより部品またはねじに動きが発生し、ねじ座面や部品表面に摩擦が発生することで隙間が発生し軸力が低下するゆるみをいいます。

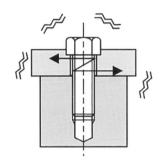

図4-52 微動摩耗ゆるみのイメージ

・微動摩耗ゆるみの原因

　適正な面圧が確保されていないことから、部品の固定が弱く外力により部品が動いてしまうことが原因になります。面圧が弱くなる要因として、適正な締付けトルクで締付けができているとすれば、「固定ボルトの本数不足」または「ボルトサイズが小さい」ということが考えられます。

・微動摩耗ゆるみの対策：適切な面圧の確保と締結面の強化

　部品が外力により微動しないようにするため、ねじによる面圧を上げることが必要です。しかし、面圧を上げることで「陥没ゆるみ」の可能性も増すことから、部品表面の強度向上を図るべく「浸炭」や「窒化」などの処理が必要です！

④ 熱的原因ゆるみ

　温度変化により、ねじや固定する部品に膨張や収縮が伴うことで軸力が低下するゆるみです。組立時と大きく温度環境が変化し高温状態になる「発電所」などでは、発電炉に近い部分で発生します。ゆるみ防止のためかなりの頻度でゆるみ確認と増し締めが必要となることから、非常に手間のかかる作業になっています。

・熱的原因ゆるみの原因：使用温度変化による部品やねじの膨張・収縮

　温度変化により、ねじが膨張したり固定する部品が収縮したりすることで、ねじ座面と部品表面の間に隙間が発生し軸力が低下することで、ゆるみが発生します。

・熱的原因ゆるみの対策：ねじや固定部品などの線膨張係数を考慮した設計

　想定される温度変化を把握し、温度変化に耐えうる線膨張係数の材料を使用した部品やねじを使用することが必要です。

φ(@°▽°@)　メモメモ

ホットボルティング

　蒸気配管など配管やねじが高温になることでゆるみの発生が想定される機器で実施するためのゆるみ止め手法です。
　蒸気配管などの継ぎ目はガスケットを挟みボルトで接続しています。蒸気などの高温流体を流すことで接続するフランジ部が膨張し、ガスケットが潰れ薄くなります。さらに高温になると、ボルトが膨張し伸びることでボルトの軸力が低下していきます。この状態で締付けることで高温時のゆるみを防止することができます。

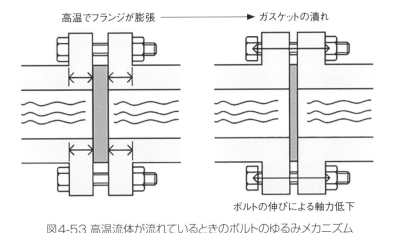

図4-53 高温流体が流れているときのボルトのゆるみメカニズム

⑤ 回転ゆるみ

　振動や外力により、締結する部品にかかる力がねじにかかることで、ねじが「戻り回転」して発生するゆるみ。

　これまで説明してきたゆるみは、ねじや固定する部品の形状変化により、軸力が低下することでゆるみが発生するものでした。回転ゆるみでは、固定する部品などから受ける振動や外力により、ねじが回転させられることで発生するゆるみになります。このような原理でねじが回転することを「戻り回転」といいます。ねじにかかる力の方向ごとに説明します。

ⅰ）回転ゆるみの原因
・軸回り方向：ねじが回転する方向に働く力
固定する部品に回転方向の外力がかかることにより、固定されているそれぞれの部品に対して、回転方向に力が加わり滑りが発生します。それに伴い固定している部品にも回転する力がかかることから、固定するボルトと部

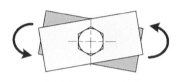

図4-54 回転ゆるみ

品との間にも回転方向の滑りが発生します。これによりナットやボルトが滑り回転を始めゆるみが発生します。
・軸方向：ねじを引っ張る方向に働く力
　部品にかかる軸方向の外力により、固定しているねじにも軸方向への外力が加わることで、ボルトの締付け時に発生している軸力に加えて更に軸力が加わります。この軸力により、ねじ山はボルト中心方向に向かって滑りが発生します。また、外力が解放されると軸力は戻りねじ山はボルト中心方向とは逆に滑り、元に戻ります。この繰り返しに加えて、ねじにはリード角分の勾配があることから、ねじは締まる方向に回転したり、ゆるむ方向に回転したりを繰返します。この回転が不均一になることにより、ねじは次第にゆるみ始めます（図4-55）。

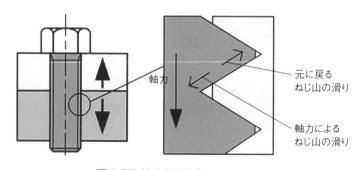

図4-55 軸方向ゆるみ

・軸直角方向：ねじを横切る方向に働く力

固定している部品が外力により左右（軸直角方向）に動くことで、ねじ自体が左右に大きく振られます（**図4-56**）。しかし接触しているねじ頭は部品と平行に接しているため、ねじ山にはねじが傾いた分力が働き、軸力が発生します。この軸力によりねじ山はボルト中心方向に収縮し、ボルトの傾きが収まると、元の位置に戻るような形でボルトとねじ山に滑りが発生します。軸方向のゆるみと同じで、ねじのリード角による傾きで、軸力によるねじ山の収縮と元に戻ることにより繰返し回転することで、ゆるみが発生します。

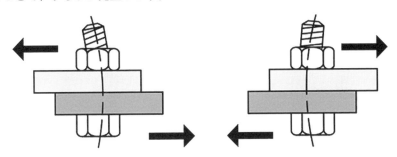

図4-56 軸直角方向のゆるみ

設計目線で見る「回転ゆるみの対策」

回転ゆるみの対策に「滑り回転の防止」があります。ボルトサイズを大きくして軸力を増やすことで、摩擦を大きくしてゆるみを防止する方法もありますが、設計後のボルトサイズ変更は他の部品への影響も懸念されます。ゆるみによる脱落がご法度の鉄道業界などでは、座金や割ピンを用いたゆるみ止めが多く採用されています。

・歯付座金や折り曲げ座金を用いた方法

歯付座金は周上に連続した歯が付いており、締付けにより歯と締結面、ねじ頭部へ食い込み摩擦力を発揮します。また折り曲げ座金はナットと締結部品へ折り曲げてロックする方法で、両者の滑り回転を防止します（**図4-57**）。

図4-57 折り曲げ座金

・溝付き六角ナットと割ピンを用いた方法

ボルトねじに穴をあけ、溝付き六角ナットとボルトの穴に割ピンを通し、強制的にロックする方法です（**図4-58**）。主に鉄道車両などのゆるみ止めに使用されています。

図4-58 割ピン固定

3）ねじのゆるみ対策用品の活用

　近年、技術者の永遠のテーマである「ねじのゆるみ」に挑まれている対策品メーカーがたくさんあります。その一部を簡単に紹介したいと思います。

① 嫌気性接着剤「ねじロック」

　空気を遮断することで強力な接着力を発揮する嫌気性接着剤。これをねじ山に塗布し、締付けることで威力を発揮するのが「ねじロック」です。

　通常、軸力抜けによりねじが回転してしまいますが、ねじロックで固定されているので回転することがなく、ねじの締付状態をそのままに、脱落を防止します。

図4-59 ねじロック

　しかし、回転を防止する効果はありますが、初期ゆるみなどのような「なじみ」などのように、締付厚さが低下した場合には面圧は低下し、微動摩耗の原因となります。

② クサビ効果によるゆるみ止め「ハードロック®ナット」

　「クサビ」の原理を用いたゆるみ止めの構造を持っているナットで、ボス部を偏心加工した凸ナットと真円加工を施した凹ナットの2種類が存在しており、この2つを組み合わせることで、ボルト軸方向のクサビ原理による強力なロック効果を発揮させます。

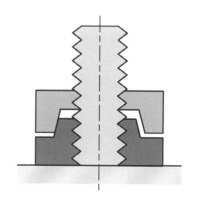

図4-60 ハードロックナット

ナット脱落防止

　ねじのゆるみは様々な要因で発生する事象であり、長期間にわたりすべてのゆるみを防ぐことは非常に難しいことです。しかし、ゆるみの発生したナットが脱落することは、非常に危険なことです。

　一例として鉄道を取り上げます。鉄道部品の脱落があると、脱落した部品が見つかるまで、運転見合わせや徐行運転など正常に運行できない決まりになっています。そのため、運行開始前にはボルトやナットのゆるみ確認が欠かせません。しかし、万が一ゆるみ発生した場合でも、ナットが脱落することを防ぐための防止策が施されています。

・割ピンによる脱落防止（**図4-61**）
ナットを締付けるボルトの先端付近にボルトの軸と垂直方向に穴をあけ割ピンを通すことにより、ナットのゆるみが発生した場合でも、ナットの脱落を防ぐことができます。

・ワイヤによる脱落防止（**図4-62**）
　ボルトの頭部に軸と垂直方向の穴をあけワイヤを通す方法です。ボルト頭部穴をあけた隣接するボルトと共に穴にワイヤを通して締結することで、ねじのゆるみが発生した際にもボルトは脱落しません。

図4-61 割ピンによる脱落防止

図4-62 ワイヤによる脱落防止

ねじ頭が「なめる」ことについて

ねじ締付け時に小ねじであれば溝を壊してしまったり、六角ボルトであれば六角の角を壊してしまったりなど、ねじの締付けに必要な溝や平面を壊すことを「なめる」といいます。「なめる」は漢字で「滑める」と書きます。要するに溝や角が壊れており滑って締付けができないことからきています。「なめる」ことの原因と防止策について説明します。

1）なぜ「なめて」しまうのか？

適正な工具を使っていないことに原因があります。

① 小ねじの場合

ねじサイズに合わせたドライバを使用せず、ねじの溝に対して小さなドライバを使うなどにより、ドライバの十字がねじの溝の面で当たらず、溝の先端で当たることにより強度不足で溝が変形してしまい、ねじ山がかからなくなります。また、ドライバをねじの溝の浅い位置で回転させて力をかけることにより、同様に溝の先端でドライバの力を受けてしまい、変形してしまいます。

② 六角ボルトの場合

小ねじと同様、ねじサイズに合わせたソケットやスパナを使用することで、六角の二面を正確に当てることができず、面の角に力が集中し変形してし

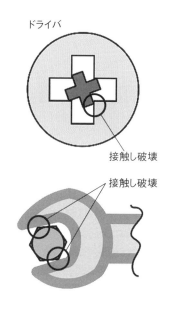

図4-63 なめるイメージ

まいます。特に二面幅を可変できるモンキーレンチなどは二面幅を保持する力が小さいため、回転させる際の力で二面幅が広がり、なめてしまうことがあります。

2）「なめる」ことへの対策

対策には以下の2点が挙げられます。
・ねじサイズに合った工具を使用する
・工具をねじの溝まで入れたり、二面幅全体にかかるように入れる

ねじやボルトのサイズに対する工具の選定

・プラスドライバ（十字ねじ回し）

　プラスドライバはJIS B4633で形状が規定されており、締付けるねじのサイズに合わせて4種類が存在します（**表4-7**）。

表4-7 小ねじサイズとプラスドライバの種類

ねじ 呼び径	1.4　1.7 2　　2.3 2.6	2.5 3	4	6 8	10 12
プラスドライバ 番数	No.0	No.1	No.2	No.3	No.4

・マイナスドライバ（ねじ回し−すりわり付きねじ用）

　マイナスドライバはJIS B4609で形状が規定されており、締付けねじのサイズにより7種類が存在します。プラスドライバのように番数で大きさが決められておらず、先端の厚さと長さにより、呼び寸法として決められています。

表4-8 小ねじサイズとマイナスドライバの種類

ねじ 呼び径	3.0	(3.5)	4.0	4.0	5.0	6.0 (8.0)	6.0 (8.0)
マイナスドライバ 呼び	4.5 × 50	5.5 × 75	6 × 100	7 × 125	8 × 150	9 × 200	10 × 250

・スパナやソケットの二面幅

　ボルトの二面幅はJIS B1002に、スパナの二面幅はJIS B4630に、それぞれ規定されています。使用するボルトサイズに合った二面幅をもつスパナやソケットを使用することが必要です。

表4-9 ねじ径と二面幅の関係（一部）

ねじ径[mm]	二面幅[mm]
8	13
10	17
12	19
16	24
20	30

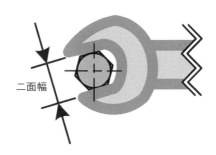

図4-64 ボルト二面幅について

ねじは1つの装置の中に無数に使用される機械要素であり、それぞれを1つひとつ十分に検討することが必要ですが、現実的には難しいと思います。しかし、使用するねじそれぞれが「破壊することで装置がどのような動きをするのか？」を正しく理解し、特に人命にかかわる事故が発生するような箇所は、十分な強度計算や取付方法の検討が必要となります。

本項ではねじの破損について、特に設計で対策が可能な「延性破壊」や「疲労破壊」を中心に説明していきます。

1)「ねじの破壊」の種類

| 延性破壊 | ★設計で対策可能な破壊モード |
| 疲労破壊 | ・想定される外力の把握
・適切な取付方法 |

| 脆性破壊 | ★材料特性や製作時などに影響される破壊モード |
| 遅れ破壊 | ・脆性材料の使用
・ねじ製造時の加工などによる影響 |

| 応力腐食破壊 | ★使用環境などに影響される破壊モード |
| クリープ破壊 | ・雰囲気中の気体
・温度や湿度環境 |

図4-65 ねじ破壊の種類

ねじ1本で重大事故につながるなんて！怖くて設計できませんよ！！

破壊する仕組みを理解できれば、使う環境を注意して使うことができるから安心だ。

① 延性破壊

過大応力が作用して塑性変形を起こし、引き伸ばされて最終的に破壊すること。

i）イメージ：伸びながら引きちぎられるように破壊

鉄は「弾性域」の中では伸び縮みできますが、降伏点を超えると塑性変形します。塑性変形がさらに進むと次第に破壊（破断）してしまいます。このような破壊のモードを「延性破壊」といいます。

学校などで経験した方も多いと思いますが、「引張試験」は延性破壊までの過程を「引張力」と「材料のひずみ」で表したものになります。

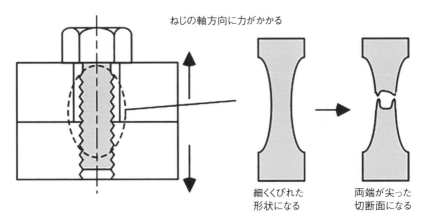

ねじの軸方向に力がかかる

細くくびれた形状になる

両端が尖った切断面になる

図4-66 延性破壊のイメージ

ii）延性破壊が発生する想定原因

・ねじの強度を超える力がかかった場合
・締結時に必要以上の締付け力を加えたために、軸力が引張強さを超えた場合
・ボルトが破壊するような過大な外力が引張方向に作用した場合

☆延性破壊は設計不良に起因して発生することが多い破壊☆

② 疲労破壊
　一定の力あるいは変動する力が繰り返しかかる応力条件下の場合に、前触れなく突然起こる破壊現象のこと。

ｉ）イメージ：亀裂が発生し徐々に破壊
　針金を思い浮かべてください。針金をグネグネと曲げていると次第に引きちぎられるように切れてしまいます。
　材料は受ける力（応力）の大きさごとに応力を受けられる回数は決められており、その回数を超えると表面にヒビなどの「亀裂」が入ります。亀裂が入り始めると、応力を受けるごとに亀裂は徐々に広がっていき、最終的には破断に至ります。
　このような破壊モードのことを「疲労破壊」といいます。

　亀裂ができてから亀裂が広がり破断していくため、亀裂は段階的に広がり、その広がった跡が「砂浜の波打ち際のような模様」に見えることから「ビーチマーク」という形状が見られるのが特徴です。
　また、ビーチマークは時間をかけて進行するため、屋外機器などではビーチマークごとに錆の進行が異なる傾向にあります。

図4-67 疲労破壊断面のイメージ

ⅱ）疲労破壊が発生する想定原因
・ねじに繰り返しの応力が作用した場合
・亀裂の始まりになる部分は、ねじの応力集中部分、すなわち「おねじとめねじの始まりであるねじ第一山付近」に多く見られます。

☆疲労破壊は設計不良に起因して発生する破壊☆

φ(@°▽°@) メモメモ

S-N曲線

　材料がどれくらいの繰り返し応力に耐えられるか、どれくらいの回数を与えるとどれくらいの応力で破断するのかを表すものです。

　縦軸を繰り返し応力（Stress）、横軸を破断までの繰り返し数「Number of cycles to failure」を示し、応力が下がっていくと、ある一定の応力値で破断までの繰り返し数が無限になります。このような応力値を「疲労限度」といいます。

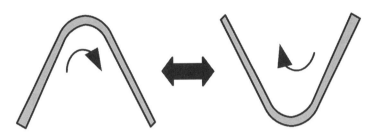

図4-68 繰り返し応力のイメージ

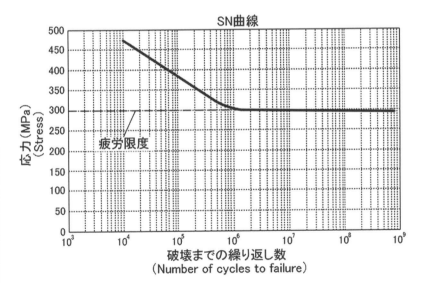

図4-69 S-N曲線

③ 脆性破壊

応力が急激に作用して、塑性変形を伴わないで破壊すること。

ⅰ) イメージ：「バキッ」といった感じで破壊

延性破壊や疲労破壊のように徐々に進行する破壊ではなく、ある時を境に一気に破壊に至ります。イメージとしては「おせんべいが割れる」そんな感じです。

「脆性」とは伸びがなくもろい（脆い）ことを示します。そのため、応力を受けることで亀裂が発生し、一気に破断に至ります。このような破壊モードのことを「脆性破壊」といいます。

脆性破壊の場合、延性破壊や疲労破壊とは異なり破断面は凹凸がなく平らな状態になると共に、延性破壊のような「くびれ」などもなく、破断前とほぼ変わらない形状で破断します（図4-70）。

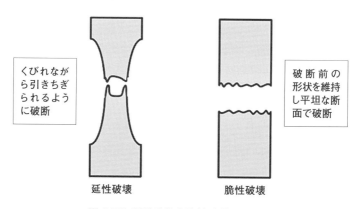

図4-70 延性破壊と脆性破壊のイメージ

ⅱ) 脆性破壊が発生する想定原因
・材料の「偏析」や「異物介在」

材料加工中に発生する成分の偏りを「偏析」といいます。偏析や異物が入ることで、本来求められる強度よりも弱い部分が発生し、そこが起点となり破断に至るケースがあります。

・脆性材料の使用

ねじは基本的に「延性材料」を使用して製作されます。しかし、高い締結力を確保するための「高張力ボルト」は強度向上のために炭素を多く配合するため、硬く強くなるのですが、引張力に強い性質である「靭性」が低下します。そのため、破断時の伸びが少なくなり、脆性破壊を引き起こします。

☆脆性破壊は材料特性のバラツキや使用する材料に起因して発生する破壊☆

④ 応力腐食破壊

特定の金属材料が降伏応力よりも低い引張応力で使用している中で、周辺環境下の影響により、脆くなり破壊すること。

発生する環境と腐食する材質の組み合わせはわかります。その代表的な組み合わせを以下に示します。

<応力腐食破壊が発生する環境と材質の組合せ例>
・苛性アルカリ水溶液環境での炭素鋼・低合金鋼
・塩化物環境下のオーステナイト系ステンレス鋼
・アンモニア環境下の銅合金
・塩化物環境下のアルミニウム合金

⑤ 遅れ破壊

ねじ製造時や使用環境から、錆内部に侵入した水素が鋼同士の結合を妨げることで脆くなり破壊すること。

水素はねじ部や腐食ピット（錆が原因で表面にできる小さな穴）などの引張応力が集中する部分に集まって、鋼内部に侵入します。そのため、特に高い応力が生じる高強度鋼に多く発生するといわれており、破断箇所は応力集中する「おねじとめねじの始まりであるねじ第一山付近」に多く見られます。

⑥ クリープ破壊

高温環境下で一定荷重（応力）の状態を保ち続けると、時間と共に塑性変形が進行し、最終的に破断破壊に至るメカニズムです。金属材料は融点（絶対温度K）の1/2を超えるとクリープが発生します。

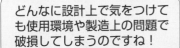

どんなに設計上で気をつけても使用環境や製造上の問題で破損してしまうのですね！

そうだ！だから一部のねじが破損しても機能を失わないよう、冗長系を持った設計が大切なんだ！

2）ねじの破壊を防ぐための設計

ねじの破壊の種類について説明してきましたが、大切なのは「どのように防ぐべきか」ということ。本項では、設計でカバーできる「延性破壊」、「疲労破壊」について、設計時に注意すべき点などを中心に話を進めていきます。

① 延性破壊を防止する設計について

延性破壊の原因となるのは「許容以上の力がねじにかかること」です。逆にいえば、「ねじに許容以上の力がかからなければ破壊は防げる」ということ。そのため、外部から加わる力を正確に把握し、防止することが必要です。

ⅰ）想定される外力の把握

外力には大きく分けて以下の2方向の力のかかり方があります（図4-71）。
・ねじの軸方向に働く力・・・・・引張方向の力
・ねじの軸と垂直方向に働く力・・せん断方向の力
　（対策）せん断方向の力をボルトで直接受けず、段付きなどを活用して他部品で
　　　　受ける

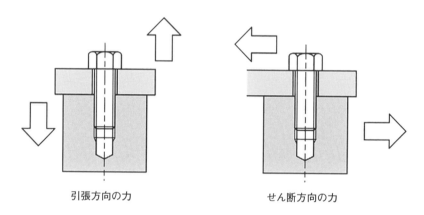

引張方向の力　　　　　　　せん断方向の力

図4-71 ねじにかかる外力のイメージ

② 想定される外力に対する対策（引張方向）

設計目線で見る「吊り上げ用アイボルトの選定」

想定される外力から必要な有効断面積を計算し、ねじサイズを決定します。

＜必要有効断面積の計算方法＞

引張応力の計算のため、$\sigma = P/A[\text{N/mm}^2]$で計算する。

（σ：許容引張応力$[\text{N/mm}^2]$、P：外力$[\text{N}]$、A：有効断面積$[\text{mm}^2]$）

＜例題＞

1500$[\text{N}]$の製品を吊り上げるためのアイボルトを選定する。

アイボルトは軟鋼製であり、許容引張応力は60$[\text{N/mm}^2]$とする。

（計算方法）

アイボルトの選定にあたりねじサイズを決定することから必要な有効断面積を確認する。

そのため、$\sigma = P/A[\text{N/mm}^2]$を変形し、$A = P/\sigma$とする。

外力(P)は1500$[\text{N}]$、許容引張応力(σ)は60$[\text{N/mm}^2]$なので

$A = 1500/60 = 25[\text{mm}^2]$

ねじの断面積は円形であることから有効断面積の直径をDとすると

$A = (D/2)^2 \times \pi$であり、変形し直径を求める式は$D = \sqrt{4A/\pi}$となる。

すでに計算している$A=25$を代入すると$D=5.6$となる。

有効断面の直径、すなわち「谷径が5.6mmよりも大きいねじサイズをJIS規格表より選定すればよい」ことになる。

（JIS規格表）M6の谷径＝4.917$[\text{mm}]$・・・NG、

M8の谷径＝6.647$[\text{mm}]$・・・OK

（答え）アイボルトはM8を選定すればよい

中学生レベルの計算で求められるんですね。

想定される外力がわかれば、簡単な計算で確実なねじサイズを選定できるぞ！

③ 想定される外力に対する対策（せん断方向）

　ねじは切り欠きがあることから、せん断方向の力に対して非常に弱い構造です。構造上、ボルトにせん断（軸線と直角方向）荷重を受ける場合、ねじ部で荷重を受ける構造になり、切り欠き効果によってボルトが破断しやすくなります。このような場合の対策として、以下の2点があります。

・リーマボルトによる固定

　リーマボルトとは頭部とねじ部の間に外径に合わせた精度の高い円筒部を設けたボルトで、主に位置決めやせん断荷重を受ける用途で使われるボルトです。円筒部でせん断荷重を受ける構造にすることで対策が可能です。

　リーマボルトは穴とのすき間を最小限に設計できるため外力による滑りを防止でき、ねじゆるみにも効果があるといわれています。

・段付き構造の活用

　部品が受ける荷重の方向に段付きを作り、段付きでせん断荷重を受ける対策です。部品を実装する装置の構造にもよりますが、標準ボルトを使用できることが特徴です。

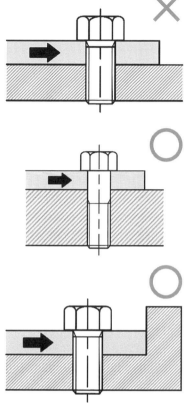

図4-72 せん断荷重対策

第5章

部品と共存する
名バイプレーヤーズ
「キー・止め輪・各種ピン」

5章	1	# 小物の機械要素たち

1）その他の機械要素部品

　第１章から第４章まで、機械要素部品について詳しく取り上げてきましたが、本章ではキーやピンといった主に位置決めや締結に使用されるような機械要素部品の基礎知識について、いくつか取り上げていきます。これらは比較的小さい部品のため、小物部品といった呼び方をされることもあります。

2）本章で取りあげる機械要素部品とJIS番号

　図面を作成して加工することもできますが、JIS規格品は図面にJIS番号を記載することで商社などから安価、かつ短納期で入手することができます。小技が効く機械要素アイテムを紹介します（**表5-1**）。

表5-1 JISで規定される様々な機械要素部品

名称	キー
JIS番号	JIS B 1301
形状イメージ	

名称	止め輪
JIS番号	JIS B 2804
形状イメージ	

名称	スプリングピン
JIS番号	JIS B 2808
形状イメージ	

名称	平行ピン
JIS番号	JIS B 1354
形状イメージ	

名称	ダウエルピン
JIS番号	JIS B 1355
形状イメージ	

名称	割りピン
JIS番号	JIS B 1351
形状イメージ	

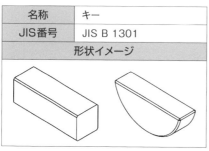

名称	スナップピン
JIS番号	JIS B 1360
形状イメージ	

注）表の各機械要素と相手部品（溝や穴など）の
サイズや公差は、それぞれのJIS番号内で詳述され
ていますので、読者の皆さんで確認ください。

φ(@°▽°@)　メモメモ

JISの改正

　JISは制定されて終わりではなく、定期的に改正されています。制定や改正がある場合には経済産業省から情報が出ますので、定期的に確認するようにするとよいでしょう。またJISの日本語表記は2019年7月1日の法改正により、日本工業規格から日本産業規格へと表記が変更になっています。

　以下に改正により変わった箇所をいくつか紹介します。

① 平行ピンの端部形状の廃止

　平行ピンの規格JIS B 1354:2012ではこれまでA種、B種、C種とあった平行ピンの端部形状は廃止され、受渡当事者間での協定によるという表現に変わっています。ですが、市販品として流通している平行ピンでは、旧JIS品という表記で改正前のA種、B種、C種の平行ピンを購入することができます。

② コイルばねの計算に使う記号

　コイルばねの規格JIS B 2704-1:2018では、ばね記号の規格JIS B 0156:2005への整合化のため、記号および記号の意味が大幅に変更されています。

例）JIS B 2704-1:2018より引用
　　記号：(旧)k　→　(新)R　記号の意味：ばね定数
　　記号：(旧)P　→　(新)F　記号の意味：ばね力またはばねに作用する力（荷重）
　　記号：d　→　記号変更なし　記号の意味：(旧)材料の直径　→　(新)線径

定期的に改正をチェックして、
知っているつもりにならない
ように気をつけましょう。

キー（JIS B 1301）

キーは軸と回転体とを滑らないように締結し、動力を伝える機械要素部品です。マシンキーとも呼ばれます。一般的には平行キーが使用され、平行キーにはタップ付き、ザグリ付きのものもあります。

キーの種類は平行キーのほか、こう配キーと半月キーがあり、使用するキーに対応するキー溝の寸法がJIS B 1301で規定されています。

1）キーの特徴

① 形状の特徴

平行キーの端部は両端が角形になっているもののほか、片側または両側が丸形になっているものがあり、端部の丸形は受渡当事者間の協定により大きな面取りでも構わないとされています。こう配キーには頭付きと頭なしがあり、半月キーには底面が丸底と平底とがあります（**表5-2**）。

表5-2 代表的なキーの種類と形状

平行キー			こう配キー	半月キー
両角	片丸	両丸		

② 使用面の特徴

キーの大きさは使用する軸の太さによって決まり、キーが受けられる力は材料のせん断応力によって変わります。一般的に軸にキー溝を加工してキーを埋め込んで使用します。キー溝があるものは主に動力伝達用として使われます。

軸にキー溝を加工せずに使用するくらキーは、キーと軸表面との摩擦力を利用するため軽荷重用として使われます。ただし、くらキーはJISに規定されていません。

2）キーの主な用途、使用上の注意点

① 主な用途

軸と回転体との締結、および動力の伝達に使います。そのほか軸と相手部品との回り止めにも使用します。キーと軸・回転体のとの関係は、それぞれのキー溝の寸法公差を選択することで使い分けます（**表5-3**）。

表5-3 キーと軸・回転体のとの関係

形式	キーとキー溝の関係	適用するキー
滑動形	軸と回転体が相対的に軸方向に滑動できる	平行キー
普通形	軸に固定されたキーに回転体をはめ込む	平行キー、半月キー
締込み形	軸に固定されたキーに回転体を締め込む 軸と回転体の間にキーを打ち込む	平行キー、こう配キー、半月キー

② 使用上の注意点

　キーと嵌合する軸のキー溝幅のサイズ公差と穴のキー溝幅のサイズ公差に違いがあります。回転方向が繰り返し変わるような使用方法のときにはキーと軸とが往復滑りにより摩耗することがあります。そのようなときには、キーとキー溝との嵌合がきつくなるよう、キー溝の寸法を普通形より厳しくするか締込み形にするなどの対策をします。

3) キー溝の規格 (JIS B 1301)

　平行キー用のキー溝（滑動形）を例に主要寸法を示します(**図5-1**)。

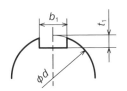 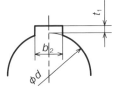

単位：mm

適用する軸径 d (参考)	キー溝幅 b_1　b_2 基準寸法	滑動形		t_1の 基準寸法	t_2の 基準寸法	t_1　t_2 許容差
		b_1 許容差(H9)	b_2 許容差(D10)			
6～8	2	+0.025	+0.060	1.2	1.0	
8～10	3	0	+0.020	1.8	1.4	+0.1
10～12	4	+0.030	+0.078	2.5	1.8	0
12～17	5	0	+0.030	3.0	2.3	

図5-1 平行キー用のキー溝の主要寸法（抜粋）

4) キーの具体的な使用方法

　平行キーで軸と相手部品とを締結する使用例を示します (**図5-2**)。

平行キー

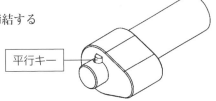

図5-2 平行キーの使用例

止め輪 (JIS B 2804)

　　止め輪は軸または穴に加工された溝に止め輪を嵌めて、相手部品に挿入された軸のスラスト方向に動くのを制限したり、軸の抜け止めとして使用されたりする機械要素部品です。形状別にC形偏心止め輪(軸用、穴用)、C形同心止め輪(軸用、穴用)、E形止め輪(軸用)、グリップ止め輪(溝を使用しない軸用)がJIS B 2804で規定されています。

1) 止め輪の特徴

① 形状の特徴

　　止め輪は主にばね用の炭素鋼(S60CMなど)で作られており、塑性変形に強く、耐食性向上を目的に、りん酸塩皮膜処理や三価クロム皮膜処理などが施されています。

　　C形止め輪やE形止め輪はアルファベットのCやEに似ているため、それぞれCリング、Eリングとも呼ばれます。また、C形偏心止め輪には挿入時に形状を変形させるC形止め輪プライヤーをかける2つの穴があります(**表5-4**)。

表5-4 止め輪の種類と形状

C形偏心止め輪(軸用)	C形偏心止め輪(穴用)	E形止め輪(軸用)
C形同心止め輪(軸用)	C形同心止め輪(穴用)	グリップ止め輪(軸用)

② 使用面の特徴

　　C形止め輪とグリップ止め輪は専用の工具を使用して挿入します。工具には軸用と穴用とあり、呼び径により先端の大きさも変わります。

　　C形偏心止め輪、C形同心止め輪、グリップ止め輪は軸に対してスラスト方向から、E形止め輪はラジアル方向から挿入するため、部品形状設計時に工具アクセスできるスペース確保が必要です。

　　ラジアル方向に嵌めるE形止め輪に対して、スラスト方向に嵌めるC形偏心止め輪などの方が強度的に有利になります。

2) 止め輪の主な用途、使用上の注意点

① 主な用途

　止め輪の主な用途は、相手部品に挿入された部品を位置決めや軸がスラスト方向へ動くことを制限する、抜け止めです。溝に嵌めるだけなので、他の部品を必要とせず、コスト面でメリットがあります。

② 使用上の注意点

　溝に嵌めるだけの止め輪は溝との間に隙間ができることがあり、がたつきが生じて異音などの原因になる可能性があります。また強度が高くないため、衝撃がかかるような箇所への使用には適していません。

3) 止め輪の規格（JIS B 2804）

　C型偏心止め輪を例に、止め輪と止め輪に適用する軸の主要寸法を示します（図5-3）。

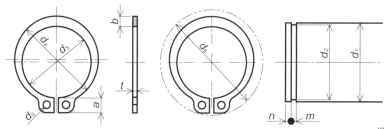

単位：mm

呼び		止め輪							適用する軸（参考）						
		d_3		t		b	a	d_0	d_5	d_1	d_2		m		n
1欄	2欄	基準寸法	許容差	基準寸法	許容差	約	約	最小			基準寸法	許容差	基準寸法	許容差	最小
10		9.3	±0.15			1.6	3.0	1.2	17	10	9.6	0/-0.09			
	11	10.2				1.8	3.1		18	11	10.5				
12		11.1		1.0	±0.05	1.8	3.2	1.5	19	12	11.5	0/-0.11	1.15	+0.14/0	1.5
14		12.9	±0.18			2.0	3.4	1.7	22	14	13.4				
15		13.8				2.1	3.5		23	15	14.3				

図5-3 止め輪と適用する穴の主要寸法(抜粋)

4) 止め輪の具体的な使用方法

　C形偏心止め輪を軸に掛けて相手部品との位置決めをする使用例を示します（図5-4）。

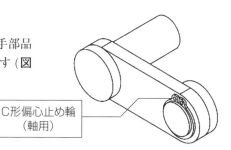

C形偏心止め輪
（軸用）

図5-4 止め輪の使用例

1）スプリングピンの特徴

① 形状の特徴

　薄板を巻いた形状から、ロールピンとも呼ばれます。

　巻き終わりの端部の辺の形状の特徴として、次のものがあります（**図5-5**）。

・ストレート形…せん断強度が高く動的荷重や衝撃荷重の加わる箇所への使用に適している。

・波形…ピン同士が絡みにくく自動挿入に適しており、波形の端部の辺が円周に接するのでヒンジとしての使用にも適している。

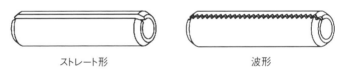

ストレート形　　　　　　　波形

図5-5 スプリングピンの形状

② 使用面の特徴

　薄板のばね鋼を円筒状に成形しているため、ピン自体に弾性があり、スプリングピンの外径よりもわずかに小さい穴へ挿入すると、ピンが広がる方向へ力が発生してスプリングピンが抜けにくくなります。平行ピンのように挿入する穴をリーマ穴にする必要はなく、ドリル穴のような寸法精度のゆるい穴の加工でよいため、平行ピンと比べて加工が容易でコストが安いという特徴もあります。

　一般荷重用と重荷重用、軽荷重用とがあり、軽荷重用は板厚が薄く挿入荷重が低いため、相手部品がアルミや樹脂といった材料である場合への使用に適します。

　スプリングピンは面取り側から挿入し、ハンマーや専用工具を使って叩き入れます。抜くときにはピンポンチを使用して抜きます。

2) スプリングピンの主な用途、使用上の注意点

① 主な用途

スプリングピンの主な用途は部品の位置決めや回転防止、軸などの抜け止め、ストッパ、ヒンジとして使用されます。

② 使用上の注意点

スプリングピンを振動する機構において振動方向と平行に使用すると、振動でピンが脱落する可能性があります。また挿入する穴はC面取りをすると、面取り部がせん断荷重を受けられず締結が甘くなるので面取りはしません。保守などでスプリングピンを抜く必要がある場合、止まり穴に挿入する構造ではピンを抜くことができません。

3) スプリングピンの規格 (JIS B 2808)

ストレート形を例にスプリングピンと適用する穴の主要寸法を示します(**図5-6**)。

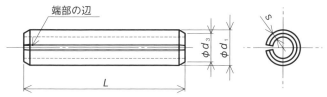

単位：mm

呼び径d_1	1	1.2	1.4	1.5	1.6	2	2.5
L	4～10	4～12	4～14	4～14	4～16	5～20	5～25
せん断強さ(kN)	0.69	1.02	1.35	1.55	1.68	2.76	4.31
穴径と公差 (呼び径+H12)				+0.1 0			

呼び径d_1	3	4	5	6	8	10	13
L	6～32	8～40	10～50	12～63	16～80	18～100	22～140
せん断強さ(kN)	6.2	10.8	17.25	24.83	44.13	68.94	112.78
穴径と公差 (呼び径+H12)	+0.1 0	+0.12 0			+0.15 0		+0.18 0

図5-6 スプリングピンと適用する穴の主要寸法(抜粋)

4) スプリングピンの具体的な使用方法

スプリングピンを軸の抜け止めとして使用した場合と、アームのヒンジとして使用した場合の使用例を示します(**図5-7**)。

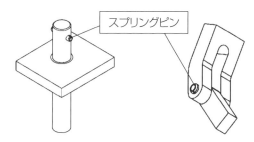

図5-7 スプリングピンの使用例

平行ピンの特徴と使い方

平行ピン（JIS B 1354）

平行ピンは主に部品の位置決めに使用されるピンの1種です。端面の形状は改正前のJISでは形状によりA種、B種、C種と分類されていましたがJIS B 1354ではそれらの分類は廃止され、ピン径の公差は公差クラスm6（プラス公差）とh8（マイナス公差）とがあります。端面形状については規定されておらず、受渡当事者間での協定によるとされています。

1) 平行ピンの特徴

① 形状の特徴

　平行ピンの主な材質は鋼（S45Cなど）やオーステナイト系ステンレス鋼(SUS303など)で、硬化処理をしない硬さ指定のないものをさします。一部硬化処理をするものもありますが、硬化処理をするものは次項で紹介するダウエルピン(JIS B 1355)に分類されます。

　表面処理をする場合は、黒色酸化皮膜、りん酸塩皮膜、亜鉛めっきクロメート処理皮膜または受渡当事者間での協定によるとJIS B 1354で規定されています（図5-8）。

図5-8 平行ピンの形状

② 使用面の特徴

　旧規格のJIS B 1354：1998では、A種（公差クラスm6、粗さRa0.8）、B種（公差クラスh8、粗さRa1.6）、C種（公差クラスh11、粗さRa3.2）の3つがありましたが、JIS B 1354：2012で公差クラスm6（粗さRa0.8）のものと公差クラスh8（粗さRa1.6）のものの2種類だけになりました。ただし、メーカーや商社では、従来の寸法公差に適用させて、A種、B種でも通用するようです。

　JISでは次のように表記すると記載されています。

例1）呼び径 d＝6mm、公差クラス m6 で、呼び長さ L＝30mm の硬化処理を施さない 鋼製

　　平行ピン JIS B 1354 -ISO2338-6 m6×30-St

例2）呼び径 d＝6mm、公差域クラス h8 で、呼び長さ L＝30mm の硬化処理を施さない鋼種区分 A1 オーステナイト系ステンレス鋼製

　　平行ピン JIS B 1354 -ISO2338-6 h8×30-A1

　ピン径がプラス公差(m6)のピンはしまりばめ（圧入）として、マイナス公差（h8）のピンはすき間ばめで使用すると考えてよいでしょう。

2) 平行ピンの主な用途、使用上の注意点
① 主な用途
　平行ピンの主な用途は比較的ラフな部品の位置決めや軸に挿入してなどに使用されます。
② 使用上の注意点
　平行ピンは硬化処理をしていないため、衝撃が加わる箇所や大きい荷重がかかる箇所には平行ピン自体の強度の面であまり適しているとはいえません。そのような使用方法をする場合、硬化処理されたダウエルピンや円筒ころベアリングのころだけを軸受メーカーから入手するとよいでしょう。
3) 平行ピンの規格（JIS B 1354）
　平行ピン径は0.6～50mm、径の公差は公差クラスm6(プラス公差)またはh8(マイナス公差)の2種類があるため、要求機能を満足するはめあいを考えて平行ピンを挿入する穴の公差を決めます(図5-9)。

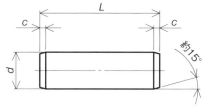

単位：mm

外径d	0.6	0.8	1.0	1.2	1.5	2.0	2.5	3.0	4.0	5.0
径の公差	m6　または　h8									
面取りc	0.12	0.16	0.20	0.25	0.30	0.35	0.40	0.50	0.63	0.80
全長L	2,3,4,5,6,8,10,12,14,16,18,20,22,24,26,28,30,32,35,40,45…									

図5-9 平行ピンの主要寸法（抜粋）

4) 平行ピンの具体的な使用方法
　部品を平行ピンに押し当てて位置決めをする使用例と、ヒンジとしての使用例を示します（図5-10）。

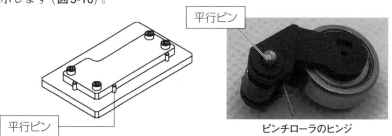

平行ピン

平行ピン

ピンチローラのヒンジ

図5-10 平行ピンの使用例

ダウエルピン (JIS B 1355)

ダウエルピンは平行ピンと同様に主に部品の位置決めに使用されるピンの一種で、一般的にノックピンやダボピンと呼ばれるピンはダウエルピンのことをさします。

軸端の形状はJIS B 1355で規定されており、平行ピンと同様に端面形状については規定されておらず、受渡当事者間での協定によるとされています。

ピン径の公差は公差域クラスm6(プラス公差)のみと規定されています。また、平行ピンとは違い、硬化処理が施されています。

1) ダウエルピンの特徴

① 形状の特徴

ダウエルピンの主な材質は鋼(SCM445など)やマルテンサイト系ステンレス鋼(SUS440Cなど)で硬化処理されます。表面処理は受渡当事者間での協定がない場合には保護潤滑被膜付の自然な仕上げ状態になります。めっきをする場合には、水素脆性化を避けるために適切なめっきまたは皮膜処理を行うと、JIS B 1355で規定されています。また内ねじを加工したダウエルピンもあります。この内ねじは、ボルトを差し込んでダウエルピンを抜き取る際に使用します(図5-11)。

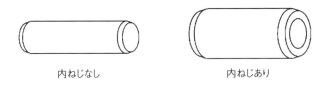

内ねじなし　　　　　　　　　内ねじあり

図5-11 ダウエルピンの形状

② 使用面の特徴

ピン径がプラス公差(m6)のみで設定されていることから、圧入での使用が前提と考えられます。ダウエルピンは平行ピンと違い、硬化処理をしているため、部品同士の位置決めや繰り返し部品の着脱が必要な場所へ圧入して使用することに適しています。

2) ダウエルピンの主な用途、使用上の注意点

① 主な用途

　ダウエルピンは主に、部品同士をダウエルピンで圧入してきっちり位置決めすることや、繰り返し着脱するような耐久性を求められる場面で使用されます。

② 使用上の注意点

　ダウエルピンを圧入する際には、相手部品のリーマ穴に対してまっすぐ圧入します。相手部品の材質がアルミや樹脂の場合、リーマ穴に対して傾いてもダウエルピンが硬いため、そのまま圧入されてしまいます。それを避けるために、ダウエルピン挿入穴の面取り角度は緩いテーパ（15°～30°）にしてまっすぐ圧入できるようにします。

3) ダウエルピンの規格　（JIS B 1355）

　ダウエルピンの径は1～20mmがあります。主要な寸法を示します（図5-12）。

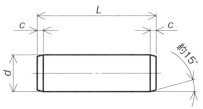

単位：mm

外径d	1.0	1.5	2.0	2.5	3.0	4.0	5.0	6.0	8.0	10.0
径の公差	m6									
面取りc	0.20	0.30	0.35	0.40	0.50	0.63	0.80	1.20	1.60	2.00
全長L	3,4,5,6,8,10,12,14,16,18,20,22,24,26,28,30,32,35,40,45…									

図5-12 ダウエルピンの主要寸法(抜粋)

4) ダウエルピンの具体的な使用方法

　ダウエルピンを圧入して部品同士を位置決めする使用例を示します（図5-13）。

　相手部品の穴の一方は穴間のピッチ誤差を吸収するために長穴にするか、両方を丸穴にする場合、図面上で「合わせ加工」と記載し、2部品を合わせた状態で穴あけ加工指示を行います。

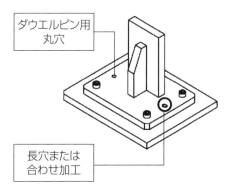

ダウエルピン用
丸穴

長穴または
合わせ加工

図5-13 ダウエルピンの使用例

割りピンの特徴と使い方

割りピン（JIS B 1351）

　割りピンはヘアピンのように先端が2つに割れている形状をしており、穴のあいたボルトやナット、軸などに挿入後に先端を曲げて抜け止めとして使用する機械要素部品です。
　主な材質は鋼や黄銅、ステンレス鋼で、一般的には表面処理をしません。
　先端の形状は先のとがったとがり先と平らな平先の2種類があり、90°往復3回を繰り返し曲げても割れが生じてはいけないことが、JIS B 1351で規定されています。

1) 割りピンの特徴

① 形状の特徴

　割りピンの主な材料は軟鋼線材（SWRM6など）、銅および銅合金線（C2600Wなど）、冷間圧造用ステンレス鋼線（SUS304-WSAなど）で、先端がとがりまたは平たくなっています。また先端の片側が長くなっており、これは割りピンの先端を曲げる際にペンチでつかみやすくするためです（図5-14）。

② 使用面の特徴

　割りピンは相手部品に挿入したあと、ペンチで長いほうの先端から曲げて相手部品が抜けなくなるようにします。必ずしも両側の先端を曲げる必要はなく、片側のみ曲げても構いません。

　割りピンを抜くときは、曲げた先端をまっすぐに戻し、割りピンの頭側（折り返しのある方）をペンチでつかみ引き抜きます。

　ピンを挿入するだけなので、相手部品の穴のサイズ公差は不要で、ドリル穴（キリ穴指示）で十分です。

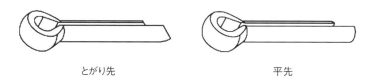

とがり先　　　　　　　　　　　平先

図5-14 割りピンの形状

2) 割りピンの主な用途、使用上の注意点

① 主な用途

　割りピンの主な用途は抜け止めとしての使用です。割りピンは単価の安い部品なので、精度を必要としない箇所でコストダウン目的でも使用されます。

② 使用上の注意点

　割りピンは曲げても簡単に割れたり折れたりしない材質で作られていますが、一度外したものは金属疲労を起こしているので再利用せず、必ず新品に交換なければいけません。鋭利な先端が飛び出す構造になるため、安全面から一般ユーザーの手や衣服などに触れる部分での使用は避けるべきです。

3) 割りピンの規格 （JIS B 1351）

　割りピンと適用する軸径、穴径の主要寸法を示します (図5-15) 。

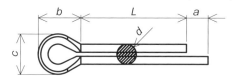

単位：mm

呼び径		1	1.2	1.6	2	2.5	3.2	4
d	基準寸法	0.9	1	1.4	1.8	2.3	2.9	3.7
c	基準寸法	1.8	2	2.8	3.6	4.6	5.8	7.4
b	約	3	3	3.2	4	5	6.4	8
長さL (参考)		6～20	8～25	8～32	10～40	12～50	14～63	18～80
適用する軸径	を超え	3.5	4.5	5.5	7	9	11	14
	以下	4.5	5.5	7	9	11	14	20
ピン穴径		1	1.2	1.6	2	2.5	3.2	4

図5-15 割りピンと適用する穴の主要寸法(抜粋)

4) 割りピンの具体的な使用方法

　割りピンを軸の抜け止めとする使用例と、ボルトに穴を開けてナットの脱落防止とする使用例を示します (図5-16) 。

軸の抜け止め　　　　　割りピン　　　　　ナットの脱落防止

図5-16 割りピンの使用例

スナップピンの特徴と使い方

スナップピン（JIS B 1360）

　スナップピンは割りピンと同様に先端が2つに分かれており、片側の直線部分を相手部品の穴に差し込み、もう一方の半円形状が軸の表面に沿うことで抜け止め、回り止めとしてはたらくピンで、Rピンとも呼ばれます。

　Rピン以外に、折り返し抜け止めタイプや、穴ではなく溝に使用するスナップリテーナタイプ、クリップリングタイプといった形状がJIS B 1360で規定されていますが、一般的にスナップピンと呼ぶときにはRピンをさします。

1) スナップピンの特徴

① 形状の特徴

　スナップ（snap）とは、ばね力を利用して凹凸を押し合わせる留め金を意味します。

　スナップピンの主な材質は硬鋼線(SW-Bなど)やピアノ線(SWP-Aなど)、ステンレス鋼線(SUS304-WSBなど)といったコイルばねの材料として使用されるもので作られています。そのためスナップピンを挿入するときに半円形状側が変形して相手部品に沿うような形に戻って固定されます(図5-17)。

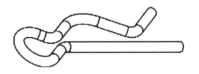

図5-17 スナップピンの形状

② 使用面の特徴

　スナップピンは使用目的が割りピンと同じですが、割りピンと違う点として材質の特性からスナップピン自体のばね性により、取り外しても再利用できるということがあげられます。したがって、固定して外さないような箇所には割りピンを使用し、着脱を考慮する箇所にはスナップピンを使用するという使い分けをするとよいでしょう。

　またスナップピンの着脱には特別工具を必要とはせず、ペンチや手作業での着脱が可能です。

2) スナップピンの主な用途、使用上の注意点
① 主な用途
　スナップピンの用途は割りピンと同じく穴のあいたボルトや軸などに挿入し、相手部品との抜け止め、回り止めとして使用されます。再利用もできるので、着脱の必要があるような箇所への使用に適しています。
② 使用上の注意点
　スナップピンは再利用することはできますが、挿入の仕方が悪かったり再利用の回数が増えたりしてスナップピン自体が塑性変形を起こしてしまった場合は新しいものに交換します。塑性変形を起こしたスナップピンを使い続けると、振動や衝撃などによる脱落のリスクがあります。

3) スナップピンの規格　(JIS B 1360)
　スナップピンと適用する軸径と穴の主要な寸法を示します (**図5-18**) 。

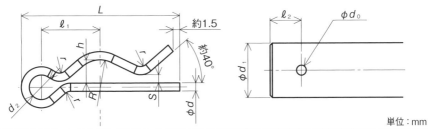

単位：mm

呼び	円弧部抜け止めタイプ（Rピン）							適用する軸、穴		
	d	d_2	ℓ_1	R	h	S	L	d_1	d_0	ℓ_2
4	1.0	3.0	6.0	2.0	1.0	0.5	16.3	4.0	1.2	3.0
5			6.5	2.5	1.5		17.9	5.0		3.5
6	1.2	3.6	7.8	3.0	1.8	0.6	21.2	6.0	1.5	4.0
8	1.6	4.8	10.4	4.0	2.4	0.8	27.7	8.0	1.9	5.0

図5-18 スナップピンと適用する軸径と穴の主要寸法(抜粋)

4) スナップピンの具体的な使用方法
　スナップピンで軸の抜け止めをする使用例を示します(**図5-19**)。

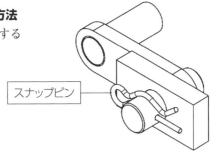

スナップピン

図5-19 スナップピンの使用例

設計はベテラン技術者だけのものではない！

　新製品設計などを見ると、中心になるのは若手技術者だけではなく、中堅からベテランの技術者になると思います。その差は一体何でしょうか？「引き出しの多さ」だと思います。筆者も駆け出しであった20年前となる2003年頃、まったくの設計初心者であり、年配の熟練技術者の指導の下で設計作業をしていました。困ったことがあると相談し、驚くのが「どの部品がどこの装置にどれくらいの大きさのものが使われているか」というのがポンポンと出てくるのです。それにより、図面を探して調べてみて、自分で計算して確認してみると、要求する性能を見事に満たす部品に出会えるのです。しかし、駆け出しの技術者が仕事だけでこのような技術者に近づくには、おそらく5年〜10年の歳月が必要になると思います。

　本書を執筆させていただくことにあたり、「できる限り若手技術者が効率的に知識を吸収できるような内容にできないか？」ということを意識しました。そのため、ぜひ本書を活用していただきたいと思いますが、それ以外にも「生活の中にある機械要素」も活用していただければと思います。

　仕事を通じて学ぶ機械要素のほかに、生活で触れる機械装置などもたくさんあります。その中にある機械要素がどのように活用されているのか？ご自身が携わっている製品にはないようなテクニックなど、多く学ぶことができると思います。このような積み重ねが、より早くベテラン技術者に近づく秘訣ではないかと考えています。

　学びを得ようと一歩踏み出したあなたのような技術者に、人々の生活を豊かにし、安全で安定した製品を作り出していただければと思います。

　ものづくりをもっと楽しく！もっと元気に！そして、少しでも多くの技術者が一つ「ウエ」のステージへ向かっていただくことを願います。

●参考文献

1) JIS B 0003:2012 歯車製図
2) JIS B 0102-1:2013 歯車用語-第1部:幾何形状に関する定義
3) JIS B 0160:2015 歯車-歯面の摩耗及び損傷-用語
4) JIS B 1701-2:2017 円筒歯車-インボリュート歯車歯形-第2部:モジュール
5) JIS B 6913:2010 鉄鋼の焼入焼戻し加工
6) JGMA 1103-1(2003) 歯車精度-平歯車及びはすば歯車のバックラッシ並びに歯厚
7) JGMA 6101-2(2007) 平歯車及びはすば歯車の曲げ強さ計算式
8) JGMA 6102-2(2009) 平歯車及びはすば歯車の歯面強さ計算式
9) 会田俊夫『歯車の技術史』,開発社,1970
10) 日本歯車工業会編『新歯車便覧 1991』,日本歯車工業会,1991
11) 近畿歯車懇話会編『歯車の設計・製作(Ⅰ)(機械工学全書)』,大河出版,1971
12) 近畿歯車懇話会編『歯車の設計・製作3(かさ歯車とウォームギヤ)』,大河出版,1979
13) 近畿歯車懇話会編『歯車の設計・製作4(歯車の精度と性能)』,大河出版,1979
14) 日本歯車工業会編『歯車製造便覧』,日本歯車工業会,2019
15) 仙波正荘『歯車 第3巻』,日刊工業新聞社,1956
16) 仙波正荘ほか(編著)『歯車伝動機構設計のポイント 新版(JIS使い方シリーズ)』,日本規格協会,1988
17) 日本機械学会編『技術資料 歯車強さ設計資料』,日本機械学会,1979
18) 上野 拓編著『歯車工学』,共立出版,1977
19) 中田 孝『転位歯車 JIS記号による 新版 復刻版』,日本機械学会,1994
20) 成瀬長太郎『歯車の基礎と設計』,養賢堂,2001
21) 須藤敏男『機械設計 第9 歯車減速機の設計製図』,パワー社,1968
22) 長岡歯車製作所編『歯車計算ハンドブック』,啓学出版,1983
23) 藤田公明『歯車と潤滑』,藤田公明,2003
24) 久保愛三編著『歯車損傷大全』,応用科学研究所,2019
25) 内藤武志『浸炭焼入れの実際 第2版 ガス浸炭と材料強化法』,日刊工業新聞社,1999
26) 不二越熱処理研究会『新・知りたい熱処理』,ジャパンマシニスト社,2001
27) ショットピーニング技術協会編『金属疲労とショットピーニング』,大河出版,2018
28) 山田 学『めっちゃ、メカメカ!基本要素形状の設計』,日刊工業新聞社,2018
29) 藤崎淳子・今井 誠(著)・山田 学(監修)『めっちゃ使える!設計目線で見る「部品加工の基礎知識」』,日刊工業新聞社,2022
30) 山田 学(編著)・青山繁男・岡田 浩・古賀祥之助・佐野義幸(著)『設計検討って、どないすんねん!現場設計者が教える仮説検証型設計のポイント』,日刊工業新聞社,2008
31) 『わかりやすい ばね技術』(一社)日本ばね工業会,1994
32) 山田 学『めっちゃ、メカメカ!2 ばねの設計と計算の作法』日刊工業新聞社,2010
33) NTN株式会社編集チーム著『ベアリングがわかる本』森北出版,2011
34) 大磯義和『よくわかる最新ねじの基本と仕組み』秀和システム,2015

●監修者紹介

山田 学（やまだ まなぶ）

1963年生まれ。兵庫県出身。技術士（機械部門）

(株)ラブノーツ　代表取締役。機械設計などに関する基礎技術力向上支援のため書籍執筆や企業内研修、セミナー講師などを行っている。

著書に、『図面って、どない描くねん！』『めっちゃメカメカ！基本要素形状の設計』（日刊工業新聞社刊）などがある。

●著者紹介

植村 直人（うえむら なおと）

東京都在住。技術士（機械部門）。株式会社ウエプロジェクト　代表取締役。合同会社アデリテ　共同代表。

鉄道信号機器メーカの技術職として19年勤務。メーカでの経験から、日本のものづくりは経験豊富なベテラン技術者が主体であると認識、もっと若手技術者が自由な発想でものづくりへ積極的に参画できないかと考え2022年4月より株式会社ウエプロジェクトを設立、代表取締役となる。

「日本のものづくりをもっと元気に！もっと楽しく！」をモットーにものづくり企業の設計コンサルティングを手掛けるとともに、設計に関するセミナー講師を手掛ける。

菊池 博之（きくち ひろゆき）

大阪府出身。技術士（機械部門）。輸送用機器メーカ勤務。

輸送用機器のエンジン設計におよそ10年従事した後、トランスミッション歯車の設計、歯車試験装置の設計、歯車の強度試験や研究に10年あまり従事。現在は、先人の知恵と過去の経験で得られた歯車技術を後進に伝えている。

小美野 和奏（おみの わかな）

埼玉県在住。UMU　デザインエンジニア。

水晶振動子製造の自動機開発設計を10年経験。その後、数社を経験しながら弱電家電の筐体設計、自動車工場向けのライン設備、からくり設計を経て、現在は都内のベンチャー企業にてIoT機器の構造設計に従事。その傍らで個人としても活動を始め、個人製作のプロダクトデザインやダイバーシティ講習会の講師など、機械エンジニアの枠にはまらず広い活動をしている。

めっちゃ使える！　設計目線で見る
「機械要素の基礎知識と活用方法」
製品設計の基礎を作り上げ、自由なアイディアを形にするために

NDC 531

2023年7月28日　初版1刷発行	監修者　山田 学
	©著　者　植村 直人・菊池 博之・小美野 和奏
	発行者　井水 治博
	発行所　日刊工業新聞社
	東京都中央区日本橋小網町14番1号
	（郵便番号103-8548）
	書籍編集部　　電話03-5644-7490
	販売・管理部　電話03-5644-7410
	FAX03-5644-7400
	URL　https://pub.nikkan.co.jp/
	e-mail　info_shuppan@nikkan.tech
	振替口座 00190-2-186076
	本文デザイン・DTP──志岐デザイン事務所（矢野貴文）
	本文イラスト──小島サエキチ
	印刷──新日本印刷